本科层次职业教育改革创新教材

C语言程序设计

C YUYAN CHENGXU SHEJI

主　编　张太芳　蒲晓妮　张明艳

副主编　王　萌　孔令赟　赵晓菲　赵　睿

高等教育出版社·北京

内容提要

本书是本科层次职业教育改革创新教材。

本书共11个模块，主要内容包括：程序设计基础、顺序程序设计训练、分支程序设计训练、循环程序设计训练、数组应用训练、模块化程序设计训练、构造数据类型应用训练、指针应用训练、文件操作训练、位操作训练和综合实训。每个模块基本上由“知识准备”“边学边练”“总结归纳”“强化练习”四个部分构成，学习训练内容涵盖了全国计算机等级考试二级C语言的基本内容。为了便教利学，本书配套有丰富的教学资源，包括微视频、课程标准、教学课件、源代码等。

本书可作为本科层次职业教育、应用型本科教育、高等职业教育工程技术类相关专业C语言程序设计课程的教材，也可作为相关工程技术人员的参考书。

图书在版编目(CIP)数据

C语言程序设计 / 张太芳，蒲晓妮，张明艳主编. —北京：高等教育出版社，2021.8

ISBN 978-7-04-056654-3

Ⅰ. ①C… Ⅱ. ①张… ②蒲… ③张… Ⅲ. ①C语言—程序设计—高等职业教育—教材 Ⅳ. ①TP312.8

中国版本图书馆CIP数据核字(2021)第158916号

策划编辑 张尕琳　责任编辑 张尕琳 班天允　封面设计 张文豪　责任印制 高忠富

出版发行	高等教育出版社	网　　址	http://www.hep.edu.cn
社　　址	北京市西城区德外大街4号		http://www.hep.com.cn
邮政编码	100120		http://www.hep.com.cn/shanghai
印　　刷	当纳利(上海)信息技术有限公司	网上订购	http://www.hepmall.com.cn
开　　本	787mm×1092mm　1/16		http://www.hepmall.com
印　　张	18.5		http://www.hepmall.cn
字　　数	401千字	版　　次	2021年8月第1版
购书热线	010-58581118	印　　次	2021年8月第1次印刷
咨询电话	400-810-0598	定　　价	39.00元

物 料 号　56654-00

配套学习资源及教学服务指南

二维码链接资源

本教材配套视频、文本、图片等学习资源，在书中以二维码链接形式呈现。手机扫描书中的二维码进行查看，随时随地获取学习内容，享受学习新体验。

教师教学资源索取

本教材配有课程相关的教学资源，例如，教学课件、习题及参考答案、应用案例等。选用教材的教师，可扫描下方二维码，关注微信公众号“高职智能制造教学研究”；或联系教学服务人员（021-56961310/56718921，800078148@b.qq.com）索取相关资源。

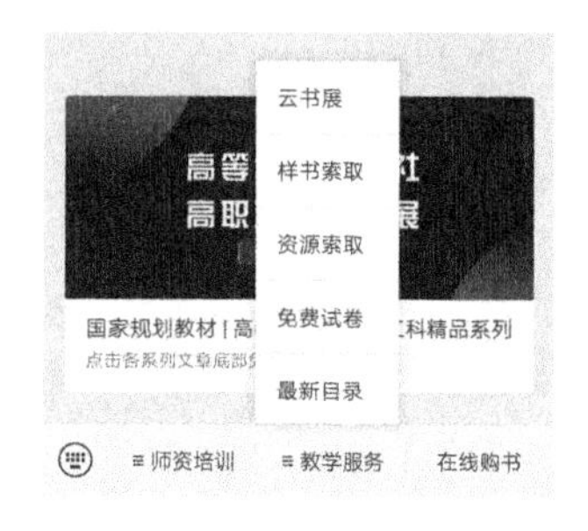

本书二维码资源列表

页码	类型	说　　明	页码	类型	说　　明
2	视频	C 语言程序概述	58	文本	参考答案(模块一)
5	视频	C 语言程序开发过程	60	视频	单分支结构的 if 语句
7	视频	整型数据	61	视频	双分支结构的 if-else 语句
8	视频	实型数据	63	视频	switch-case 语句
10	视频	字符型数据	66	视频	多分支结构的 if-else 语句
12	视频	数据类型转换	68	视频	选择结构的嵌套
14	视频	基本算数运算符	73	拓展提升	switch-case 语句的巧用
15	视频	自增自减运算符	78	文本	参考答案(模块二)
16	视频	赋值运算符	79	视频	求累加和
17	视频	关系运算符	81	视频	while 语句的执行过程
18	视频	逻辑运算符	82	视频	do-while 语句的执行过程
19	视频	条件运算符	84	视频	for 语句的执行过程
27	拓展提升	C 语言的发展历程及特点	84	视频	求 1～100 的累加和
27	视频	C 语言的前世今生	85	视频	循环嵌套格式
27	拓展提升	TurboC 应用简介	86	视频	打印九九乘法表
27	拓展提升	Visual C＋＋6.0 应用简介	87	视频	break 语句
30	文本	参考答案(程序设计基础)	88	视频	continue 语句
32	视频	程序和算法	96	拓展提升	goto 语句综述
34	视频	程序设计与控制结构	100	文本	参考答案(模块三)
35	视频	基本语句	102	视频	一维数组定义
37	视频	字符输入输出	104	视频	一维数组应用
39	视频	scanf()函数	106	视频	二维数组定义
41	视频	printf()函数(上)	109	视频	二维数组应用
42	视频	printf()函数(下)	112	视频	字符数组定义
53	拓展提升	TurboC 环境下的程序调试	113	视频	字符数组应用
53	拓展提升	Visual C＋＋6.0 环境下的程序调试	116	视频	字符串定义
			117	视频	字符串的格式输入输出
53	拓展提升	Visual C＋＋6.0 的标准输入输出	118	视频	常用字符串函数
			123	拓展提升	Josephus 问题

续 表

前言

2014年，国务院印发了《关于加快发展现代职业教育的决定》之后，本科层次职业教育得到快速推进。目前，教育部已经批准转设、筹建了一批本科层次职业技术大学，打造以工程实践及技术应用为导向的本科层次职业教育课程体系以及相适应的教材建设已成为当前的一项重要任务。随着大数据、人工智能、物联网及5G的应用普及，行业出现了融合趋势，一些岗位及职业标准对信息化提出了更高要求，“C语言程序设计”已成为工程技术类相关专业的专业基础课程或专业课程。

在认真研究本科层次职业教育的生源情况，借鉴应用型本科院校“C语言程序设计”课程教学内容的基础上，本教材编写主要考虑了四个方面的问题：一是教材内容兼顾不同生源的学生特点和各专业对C语言教学的个性化需求；二是教材案例设计兼顾合理性、知识性、趣味性和实用性；三是教学过程力求学生全程参与，练习设计遵从由浅入深、由简单到综合，形成梯度；四是建设富媒体教材，为学生提供更多的学习资源。本教材的特色主要有：

1. 针对本科层次职业教育的生源和教学特点，优化重组教学内容。本教材采用模块化组织，对课程教学内容进行优化整合，提炼出了程序设计基础9个教学模块和1个综合实训。每个模块都以一个程序引例导入，知识点的讲解与相应的程序代码紧密结合。在边学边练中，引导学生进行实践，学生在解决具体问题的过程中能够完成相应工作任务，掌握相关理论知识，发展职业能力。在总结归纳中，简单明晰地以框图的形式概括了本模块的知识结构。

全书设置了基础准备、应用练习和综合训练三个学习阶段。基础准备阶段包含程序设计基础、模块一至模块三，主要学习程序设计的语法基础，以验证性的实验为主；应用练习阶段包含模块四至模块七，以完成应用练习为主；综合训练阶段包含模块八、模块九和综合实训，通过应用程序的完整设计，培养学生软件设计的思想、方法，提高C语言的综合应用能力。

2. 应用现代教育信息技术手段，开发一体化“新形态”教材。本教材中几乎所有核心知识点和操作都以二维码的形式提供了微视频，有利于“翻转课堂”教学活动的实施。本教材还以二维码的形式提供了“拓展提升”内容，既突出教材的主线，增强了可读性，又扩充了教材容量。在教材配套相关课程网站中还为每个模块提供了电子课件、教学设计教案、源代码及实训案例等教学资源，供师生下载。

3. 按照职业技能等级证书的考核要求，优化教材内容。理论知识的选取紧紧围绕完成编程任务的“够用、实用”的原则来进行，突出对学生职业能力的训练，并融入全国计算机等级考试二级C语言中的考核点。

本教材建议教学课时为90课时，综合实训一周，具体分配如下：

教学内容	课时		
	理论	实训	合计
程序设计基础	6	6	12
模块一　顺序程序设计训练	4	4	8
模块二　分支程序设计训练	4	4	8
模块三　循环程序设计训练	4	4	8
模块四　数组应用训练	4	4	8
模块五　模块化程序设计训练	8	8	16
模块六　构造数据类型应用训练	2	2	4
模块七　指针应用训练	6	6	12
模块八　文件操作训练	4	4	8
模块九　位操作训练	2	2	4
机动	2		2
合计	46	44	90

本教材由张太芳、蒲晓妮和张明艳担任主编，王萌、孔令赟、赵晓菲和赵睿担任副主编，在共同讨论提纲的基础上分别收集材料和编写，最后由张太芳修改定稿。

本教材不仅适合作为本科层次职业教育、应用型本科教育、高等职业教育程序设计类课程的教材，也适合作为全国计算机等级考试二级C语言的培训教材。

由于编者理论水平和专业知识有限，书中疏漏之处在所难免，恳请专家学者、使用本书的老师、同学批评指正。

编　者

2021年6月

目录

程序设计基础

能力目标

(1) 掌握C语言程序的开发过程；
(2) 掌握程序的结构；
(3) 熟悉上机操作的环境；
(4) 掌握各种数据类型；
(5) 熟练运用运算符与表达式。

知识准备

〖引例任务〗 用C语言编写程序输出“老师，您好！”。

〖程序代码〗

```
#include <stdio.h>
void main(){
    printf("老师，您好!");          /*输出“老师，您好!”*/
}
```

〖程序运行〗

```
老师，您好!
```

〖引例解析〗 这是一个完整的C语言程序。“/*”与“*/”及其之间的内容是对程序的注释，用于对语句进行说明，对程序的运行没有任何影响。

main()是主函数。“{”与“}”之间的语句是main()函数的内容，是程序的主体，也称函数体。所有的C语言程序都必须包含有一个main()函数。程序从main()函数的第一行语句开始执行，到最后一条语句结束。

“printf("老师，您好！")”的功能是在屏幕上显示“老师，您好！”。printf()函数是C语言提供的按指定格式进行标准输出的函数，其功能是输出由双引号括起来的字符序列。在其中可以包含控制字符，“\n”是换行控制符，表示该符号之前的内容输出完毕后换行显示后续内容。

本模块的主要内容是学习C语言源程序的构成及开发过程，数据类型、常量及变量的定义、运算符及其表达式。

0.1 C语言程序概述

视频

C语言程序概述

〖做中学0-1〗 键盘输入两个数，比较大小，并输出两个数中的较大值。

〖程序代码〗

```
#include <stdio.h>
int max(int x,int y);                /*max()函数声明*/
void main(){
    int a,b,m;
    scanf("%d,%d",&a,&b);
    m = max(a,b);                    /*用户自定义函数的调用*/
    printf("a = %d,b = %d,m = %d",a,b,m);
}
int max(int x,int y) {               /*用户自定义函数，求两个数中的较大值*/
    int m;
    if (x>y)
        m = x;
    else
        m = y;
    return m;
}
```

〖程序运行〗*

```
8,4↙
a = 8,b = 4,m = 8
```

〖程序解析〗 程序中包括两个函数main()和max()。在函数main()中，第一行是变量说明部分，后面的多行语句是执行部分。

* 粗体部分表示输入，↙表示按回车键。

scanf()用来读取用户从键盘输入的值。scanf()和 printf()的使用方法将在后面的学习中详细介绍,这里就不再赘述了。

〖知识点〗

(1) C语言程序特点

① 每条语句后面都以";"作为终止符,它是C语句结束符。

② 每个程序必须有一个且只能有一个主函数,程序从主函数开始执行。一个应用程序可以包含多个源程序文件,每个源程序文件又可以包含多个用户自定义函数。函数之间是相互独立、相互平行的。源程序的最基本组成单位是函数。

③ 在C语言中,大、小写字母是有区别的。

④ 程序中可以加注释部分,注释有块注释和行注释两种方式。用"/*……*/"提供的注释是块注释,可以注释多行。用"//"提供的注释是行注释,只能注释一行,但 turbo C 中没有这种注释方式。

C语言的函数分为两类:系统本身提供的库函数和用户的自定义函数,其中库函数又称标准函数。库函数的定义在相应的头文件(头文件的扩展名是.h)中,如果要调用这些库函数,要在源程序最前面使用 include 语句将相应的头文件包含进来,然后在程序中就可调用这些库函数。printf()函数的头文件是 stdio.h,在程序中使用"#include <stdio.h>"语句后,就可以在程序中使用 printf()函数实现输出功能了。用户自定义的函数同标准函数一样,可以在主函数中调用。

(2) C语言程序书写格式

① 程序中每行可写一条语句,也可写多条语句,一般一行写一条语句。

② 程序的书写要注意适当缩进,使程序清晰易读。

③ 程序中的花括号必须成对出现。

④ 在写程序时,要习惯使用注释。

0.1.1 程序构成

通过前面的学习,可以看到C语言程序的一般构成形式如下所示。其中f1()～fn()代表用户定义的函数。

```
编译预处理行
全局变量说明
void main() {
    局部变量说明
    程序段
}
返回数据类型 f1(形式参数说明){
    局部变量说明
    程序段
```

```
}
返回数据类型 f2(形式参数说明){
    局部变量说明
    程序段
}
…
返回数据类型 fn(形式参数说明){
    局部变量说明
    程序段
}
```

说明

(1) C语言的变量在使用之前必须先定义其数据类型,未经定义的变量不能使用,且定义变量的语句必须放在可执行语句前面。

(2) 程序段通常由多条语句组成。

(3) 形式参数说明用于传值,参见后面的函数调用部分内容。

(4) 局部变量、全局变量的用法含义,参见模块五的内容。

(5) 花括号内的内容统称为函数体。

(6) 用户定义的函数名由用户命名(命名应符合标识符的命名规则)。

(7) 用户自定义函数可置于主函数之前,也可置于主函数之后。若用户自定义函数在主函数之后,且要在主函数中调用时,要在主函数之前对被调用函数进行函数声明。

0.1.2 特殊字符

1. 关键字

关键字是C语言编译程序本身所使用的专用词,具有特定的含义,例如int用来定义整数类型。关键字一般都是用小写字母来表示的。C语言的关键字有:auto、break、case、char、const、continue、default、do、double、else、enum、extern、float、for、goto、if、int、long、register、return、short、signed、sizeof、static、struct、switch、typedef、union、unsigned、void、volatile、while、restrict、inline、_Bool、_Complex、_Imaginary。

2. 标识符

C语言中,变量、函数都需要有一个名称,即标识符。〖做中学0-1〗中的max就是标识符。用户自定义的标识符要符合C语言标识符的命名规则。C语言标识符命名规则如下:

(1) 标识符由字母(A～Z,a～z)、下画线(_)或数字(0～9)组成。

(2) 标识符必须以字母(A～Z,a～z)或下画线(_)开头。

(3) C语言中标识符严格区分字母大小写,例如aB12、Ab12、AB12、ab12是不同的标识符。

(4) 标识符不能使用C语言的关键字,例如char、do、for、if、int等。

例如,这些是不合法的标识符:5abc、aa-bb、a&b、M.H.Thatcher、a#、ab¥。

这些是合法的标识符:A123、a_23、_123、a_b。

定义标识符时尽量做到"见名知意",如name表示姓名,age表示年龄,或汉语拼音的首字母xm表示姓名,nl表示年龄。

标识符的长度不要太长,建议在8个字符以内。不同编译系统支持的标识符长度不同。

3. 分隔符

分隔符用来使编译器确认代码在何处分隔,C语言中分隔符包括注释符、空白符及普通分隔符。

(1) 注释符。

(2) 空白符。空白符包括空格、回车、换行和制表符(Tab键),用来分隔程序的各基本成分。一个或多个空白符的作用完全一样。

(3) 普通分隔符。普通分隔符的作用也是用来分隔程序的各成分,在程序中有特定的含义,不能省略。C语言的普通分隔符见表0-1。

表0-1 C语言的普通分隔符

普通分隔符	名称	用途
{}	大括号/花括号	定义复合语句、函数体及数组的初始化
[]	方括号	定义数组类型及引用数组元素
()	小括号	区分函数名及其参数,表达式中限定运算顺序
;	分号	语句结束标志
:	冒号	标号
.	圆点	区分复合类型变量与其成员变量
,	逗号	构成逗号表达式
?	问号	构成问号表达式

0.2 C语言程序开发过程

视频

C语言程序开发过程

C语言程序的开发过程可以分成四个主要步骤:编辑→编译→连接→运行,如图0-1所示。

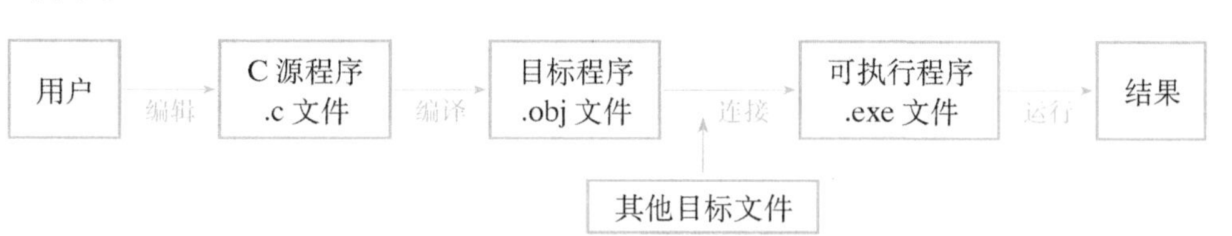

图0-1 C语言程序的开发过程

1. 编辑程序

用户将C语言的源程序输入计算机，以文本文件的形式存放在磁盘上。其文件标识为："文件名.c"。其中，"文件名"是用户指定的、符合操作系统规定的任意字符组合，扩展名是".c"，表示该文件是C语言程序。

2. 编译程序

编译是把C语言源程序翻译成用二进制指令表示的目标程序。编译过程由C编译系统提供的编译程序完成。目标程序的文件标识是："文件名.obj"。

3. 程序连接

用系统提供的连接程序将目标程序、库函数或其他目标程序连接装配成可执行的程序。可执行程序的文件标识为："文件名.exe"。

4. 运行程序

将可执行程序投入运行，以获取编程处理的结果。与编译、连接不同的是，运行程序可以脱离语言编译环境。

对于不同的C语言上机环境，编译系统支持性能各异，上述步骤有些可以再分解，有些也可以集成进行批处理，但逻辑上是基本相同的。

0.3 基本数据类型

C语言规定，程序中使用的数据都属于某种数据类型。C语言提供了丰富的数据类型，如图0-2所示。

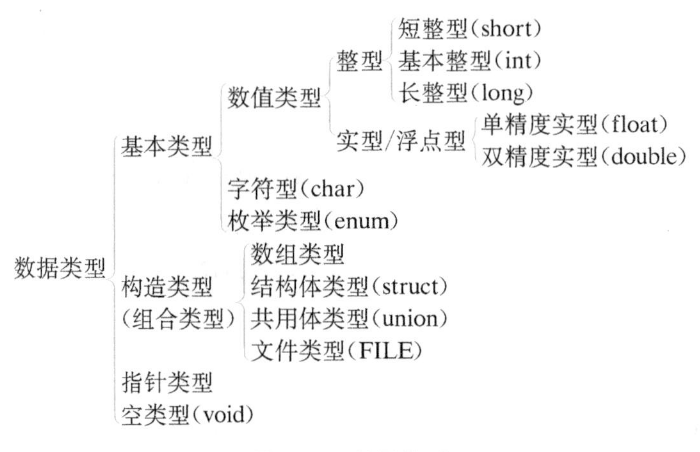

图0-2　数据类型

C语言对不同的数据分配不同长度的存储空间，C语言并没有规定各种数据类型占有多少字节。基本数据类型为常用类型，表0-2列出了Turbo C中的基本数据类型长度和数值范围。在Visual C++环境中，基本整型数据类型的长度为4字节。

C语言中的数据还有常量和变量之分。由以上这些基本数据类型还可以构造更加复杂的数据结构，如栈和队列。

表 0-2 Turbo C 中的基本数据类型长度和数值范围

数据类型	细分类型	定义标识符	长度/bit	数值范围
整型	有符号基本整型	[signed] int	16	−32 768～32 767
	有符号短整型	[signed] short [int]	16	−32 768～32 767
	有符号长整型	[signed] long [int]	32	−2 147 483 648～2 147 483 647
	无符号基本整型	unsigned [int]	16	0～65 535
	无符号短整型	unsigned short [int]	16	0～65 535
	无符号长整型	unsigned long [int]	32	0～4 294 967 295
实型	单精度实型	float	32	−3.4E−38～3.4E+38 (7 位有效数字,6 位小数)
	双精度实型	double	64	−1.7E−308～1.7E+308 (16 位有效数字,6 位小数)
	长双精度实型	long double	80	−3.4E−4 932～1.1E+4 932 (19 位有效数字,6 位小数)
字符型	字符型	[signed] char	8	−128～127
	无符号字符型	unsigned char	8	0～255
空类型	空类型	void	0	无值

注：方括号中的内容可省略。

0.3.1 整型数据

视频

整型数据

1. 整型常量

C 语言中的整型常量有三种表示形式：

(1) 十进制整数。例如 2、−983。

(2) 八进制整数。八进制整数以 0 开头，由 0～7 构成。例如 012 表示八进制整数 12，即$(12)_8$。

(3) 十六进制整数。十六进制整数以 0x 开头，由 0～9 和 A～F 或 a～f 构成。例如 0x12A，表示十六进制整数 12A，即$(12A)_{16}$。

整型常量不必使用强制类型说明就可以直接使用。当遇到整型常量时，编译器会自动根据其值将该常量认定为相应的类型，保证其按适当的类型参与运算。

一个整型常量，其值在−32 768～32 767 之间时，默认是 int 型，可以把它赋值给 int 型、short 型或 long 型变量；而在−2 147 483 648～2 147 483 647 范围之间时，默认是长整型，可以把它赋值给 long 型变量。

一个整型常量后有 U 或 u 后缀时，被认为是 unsigned 类型，在内存中按 unsigned 规定的方式存放；而一个整型常量有 l 或 L 后缀时，则被认为是 long 类型，在内存中按 long 规定的位数存放。

2. 整型变量

在C语言中,整型类型标识符为int。根据整型变量的取值范围又可以将整型变量定义为以下6种整型类型:

有符号基本整型　[signed] int
无符号基本整型　unsigned [int]
有符号短整型　[signed] short [int]
无符号短整型　unsigned short [int]
有符号长整型　[signed] long [int]
无符号长整型　unsigned long [int]

在存储有符号数时,存储单元的最高位代表符号位,0为正,1为负。而存储无符号数时,存储单元全部用作存放数本身,一个无符号整型变量只能存放不带符号的整数。

在定义变量时,方括号内的部分是可以省略不写的,一般省略方括号中的标识符,如:

```
short data;
unsigned data2 = 9887;
```

在设计程序时,应该注意变量类型的取值范围,当赋值超过其取值范围时,会出现溢出错误。例如,short型变量a被赋予的数值大于最大允许值32 767时会出现溢出错误,“a=32767+1”并不会得到预期的结果32 768,而是得到a的值为−32 768。注意这种溢出错误在运行时并不报告。

视频

实型数据

0.3.2 实型数据

实型数据又称为浮点型数据,实数类型也叫浮点类型,实型数据在内存中按指数形式存储。

实型数据在实际应用中常用于数学运算与工程运算,以提高运算精度。使用实型数据时,特别需要注意的是数据的输入与输出,根据需要来选用单精度或双精度。

〖做中学0-2〗 编一个程序,给定三角形的三条边长,计算三角形的面积。

〖程序代码〗

```
#include "math.h"
#include <stdio.h>
void main(){
    float a = 3.0f,b = 4.0f,c = 5.0f,s,area;           /*定义实型数据类型变量*/
    s = 1.0f/2.0f * (a + b + c);
```

```
    area = (float)(sqrt(s * (s - a) * (s - b) * (s - c)));
    printf("a = %7.2f,b = %7.2f,c = %7.2f,s = %7.2f\n",a,b,c,s);
    printf("area = %7.2f\n",area);      /* 对实型变量输出数据 */
}
```

【程序运行】*

```
a=␣␣␣3.00,b=␣␣␣4.00,c=␣␣␣5.00,s=␣␣␣6.00
area=␣␣␣6.00
```

【知识点】

(1) 实型变量。在C语言中,实型变量分为单精度实型(float)、双精度实型(double)和长双精度实型(long double)3类。

定义实型变量的形式如下:

float　　变量名表;

或者

[long] double　变量名表;

例如:

```
float   dat1 = 0.43f,dat2 = 6.0f;
double total,devide;
```

(2) 实型常量。实型常量有两种表示形式:

① 十进制小数形式:由数字和小数点组成。如:".67""5.2""9."等都是合法的十进制小数形式。

② 指数形式:由尾数、e(或E)以及指数三个部分组成。

字母e(或E)之前必须有数字,并且小数点左边有且只有一位非零数字,指数部分则必须为整数。例如,1.e1代表1.0×10^{1},9.8E0代表9.8×10^{0},8.997e－12代表8.997×10^{-12},－5.43E4代表-5.43×10^{4},这些都是合法的指数形式的实型数据;而5.4E、.E、e－6、3e3.1则都是不合法的指数形式的实型数据。

为了保证数据精度,许多C编译系统都自动地将实型常量作为双精度实型来处理。在数的后面加上字母f(或F)可以使编译器将其强制转换为单精度实型,如9.76f、5.6F等。

---

* ␣ 表示一个空格。

一个实型常量可以赋值给一个 float 型、double 型或 long double 型变量。

视频

字符型数据

0.3.3 字符型数据

字符数据是计算机信息处理的重要组成部分，通常以 ASCII 码形式输入和输出，所以 C 语言中的字符型数据类型常常用于处理 ASCII 字符及字符串等。

〖做中学 0-3〗 编程实现字符的输出。

〖程序代码〗

```
#include <stdio.h>
void main(){
    printf("%c\n",'\a');
    printf("%c\n",'\141');   /* ASCII 码为 97 */
    printf("%c",98);
}
```

〖程序运行〗

播放铃声

```
a
b
```

1. 字符型常量

字符型常量是用单引号引起来的一个字符，如'A'、'x'、'%'等。另外还有一种特殊的字符常量称为转义字符，是以一个反斜杠"\"开头的字符序列。C 语言规定：以反斜杠开头，后跟一个字母代表一个控制字符；"\"后跟 1～3 位八进制数字，代表 ASCII 码为该八进制数的字符；在"\x"后跟 1～2 位十六进制数字，代表 ASCII 码为该十六进制数的字符。

如果要输出 ASCII 码值在 0x00～0xFF 之间的字符，可以用反斜杠和特定字符组合表示。C 语言中的转义字符见表 0-3。

表 0-3 C 语言中的转义字符

字符形式	ASCII 码	功能
\0	0x00	NULL
\a	0x07	响铃
\b	0x08	退格
\t	0x09	水平制表(Tab)
\f	0x0c	走纸换页
\n	0x0a	回车换行

续 表

字符形式	ASCII 码	功　能
\v	0x0b	垂直制表
\r	0x0d	回车不换行
\\	0x5c	反斜杠
\'	0x27	单引号
\"	0x22	双引号
\?	0x3f	问号
\ddd	0ddd	1～3 位八进制数所代表的字符
\xhh	0xhh	1～2 位十六进制数所代表的字符

利用上述转义字符“\ddd”和“\xhh”,可以输出各种字符。

由于字符型数据在内存中是以字符的 ASCII 码值形式来存放的,所以字符型数据和整型数据可以互相通用,并可进行算术运算。一个字符型数据既可以以字符形式输出,也可以以整数形式(ASCII 码值)输出。当字符型数据参加算术运算时,实际上是用其 ASCII 码值参加运算的。

〖做中学 0－4〗 编程检验 ASCII 码值与字符的对应关系。

〖程序代码〗

```
#include <stdio.h>
void main(){
    char c1,c2;                  /*定义字符类型*/
    c1 = 97;c2 = 98;             /*赋整型值*/
    printf("%c,%c\n",c1,c2);     /*字符类型输出*/
    printf("%d,%d\n",c1,c2);     /*整数类型输出*/
}
```

〖程序运行〗

```
a,b
97,98
```

2. 字符型变量

字符型类型标识符为 char,一个字符型变量的值只能是一个单字符。不同的编译系统中,字符型可能被存储为带符号整型(例如,在 Turbo C 中)或无符号整型。因此字符型数据可以分为有符号字符型([signed] char)和无符号字符型(unsigned char)两类。

[signed] char 的取值范围是－128～127，而 unsigned char 的取值范围是 0～255。

字符型变量的定义形式为：

char 变量名表；

例如：

```
char char1, char2 ='&';
```

3. 字符串常量

字符串常量是由一对双引号引起来的一个字符序列。例如："How are you!"是一个字符串常量。在程序中，不能把一个字符串常量赋给一个字符型变量，例如下面的语句是非法的。

```
char char1 = "y";   /*错*/
```

字符串常量和字符常量在存储单元中有不同的存储形式。注意：'a'与"a"表示的含义是不同的，'a'表示一个字符常量，"a"表示一个字符串常量。它们的存储形式是不同的，'a'占一个字节，而"a"要占两个字节，在存储"a"时，系统会在字符串的结尾加上一个字符串结束标志'\0'（ASCII 码为 0），如图 0-3 所示。

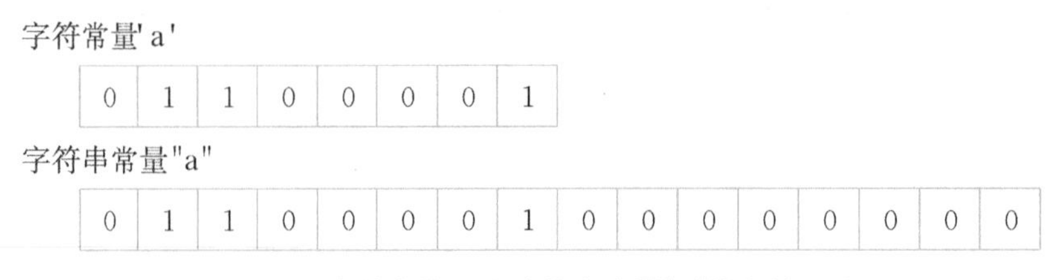

图 0-3　字符常量'a'和字符串常量"a"的存储形式

在 C 语言中没有字符串这种数据类型。因此没有专门的字符串变量来存放字符串常量，只能使用字符数组来存放一个字符串。

视频
数据类型转换

0.3.4　数据类型转换

在 C 语言中，字符型数据与整型数据可以通用，整型、单精度型和双精度型数据也可以混合运算。运算时，一个表达式中不同的数据类型首先要转换成同一种类型，再进行运算。当然，数据类型转换需要遵循一定的规则。

（1）当运算对象数据类型不相同时，字节短的数据类型自动转换成字节长的数据类型。char 字符型数据转换成 int 整数，short int 型数据转换成 int 型，float 型数据转换成 double 型。

（2）当运算对象类型不同时，如果 int 型与 unsigned 型进行运算，就将 int 型转换成 unsigned 型，运算结果为 unsigned 型；如果 int 与 double 型进行运算，就将 int 型直接转换成 double 型，运算结果为 double 型；如果 int 型与 long 型进行运算，就将 int 型转换成 long 型，运算结果为 long 型。这些转换都是系统自动完成的，如图 0-4 所示。

```
高   double ←— float
       ↑
      long
       ↑
    unsigned
       ↑
低    int ←— char,short
```

图 0-4　数据类型转换图

(3) 类型转换也可强制进行。例如：

```
int a = 4555;
char b;
b = (char)a;
```

〖做中学 0-5〗 试分析下面程序在进行混合运算时的数据转换过程。

〖程序代码〗

```
#include <stdio.h>
void main(){
    char a ='x';
    int b = 3,f = 2;
    float c = 2.5678f;
    double d = 5.2345;
    long e = 32L;
    printf("%f\n",a - b + d/c - e * f);
}
```

〖程序运行〗

```
55.038515
```

〖程序解析〗

(1) 进行"a-b"运算时，将 a 转换为 int 型(数值为 ASCII 码值 120)，运算的中间结果为 int 型。

(2) 进行"d/c"运算时，要将 c 转换为 double 型，运算的中间结果为 double 型。

(3) 进行"e * f"运算时，将 f 转换为 long 型，运算的中间结果为 long 型。

(4) 当(1)的中间结果与(2)的中间结果相加时，将(1)的中间结果转换为 double 型，运算得到的中间结果为 double 型。

(5) 当(4)的中间结果与(3)的中间结果相减时，将(3)的中间结果转换为 double 型，得出最后结果为 double 型。

"%f"是输出格式符，该格式符用来以小数形式输出实数(包括单、双精度数)，系统自动指定字段宽度，整数部分全部输出，小数部分默认输出 6 位，但这 6 位数字并不都是有效数字。

0.4 运算符和运算表达式

程序设计中用来表示各种运算的符号称为运算符，参与运算的数据称为运算对象，或称为运算量、操作数。运算符用于控制运算对象，用运算符将运算对象连接起来的式子称为运算表达式。运算表达式的种类有很多,如算术表达式、逻辑表达式、关系表达式等。

在C语言中,除了控制语句和输入输出之外,几乎所有的基本操作都被当作运算来处理。

在C语言中,运算符包括:单目运算符(如负号运算符,地址运算符&),只允许有一个运算对象;双目运算符,运算时有两个运算对象参加运算(如:+,-,*,/);三目运算符(条件运算符)。

一个运算表达式中有多个运算符时,表达式中运算符被处理的先后次序称为运算符的优先级。当一个运算对象两侧的运算符的优先级相同时,则按照C语言规定的结合方向先后来进行计算,这就是运算符的结合性。单目运算符的优先级高于双目运算符。

这里主要介绍算术运算符、赋值运算符、关系运算符、逻辑运算符、逗号运算符和条件运算符,以及相应的运算表达式。其他运算符及其表达式将在以后的学习内容中介绍。

0.4.1 算术运算符和算术表达式

算术运算符包括基本算术运算符(+,-,*,/,%)和自增运算符(++)、自减运算符(--)两类。基本算术运算符中除了取正负值运算符+(取正值)和-(取负值)外,其他都是双目运算符。取正负值运算符以及自增运算符、自减运算符都只对一个操作数进行运算,因此都是单目运算符。

用算术运算符和括号将运算对象连接起来的符合C语言语法规则的式子称为算术表达式。C语言中提供的算术运算符见表0-4。

表0-4 算术运算符

算术运算符	名称	示例(设x的初始值为1)		优先级	
		表达式	运算结果		
+	加法	5+2	7	相同	低 ↓ 高
-	减法	5-2	3		
*	乘法	5*2	10	相同	
/	除法	5/2;5.0/2	2;2.5		
%	求余	(-5)%2;5%(-2)	-1;1		
-	负值	-3	-3	相同	
+	正值	+3	3		
++	自增	y=++x;y=x++	y=2,x=2;y=1,x=2	相同	
--	自减	y=--x;y=x--	y=0,x=0;y=1,x=0		

基本算术运算符

1. 基本算术运算符

+ 加法运算符、正值运算符。如表达式"x+y"表示求x与y的和,"+y"表示取y的正值。

－　减法运算符、负值运算符。如表达式“x－y”表示求 x 与 y 的差，“－y”表示取 y 的负值。

＊　乘法运算符。如表达式“x＊y”表示求 x 与 y 的积。

／　除法运算符。如表达式“x/y”表示求 x 与 y 的商。在除法运算中，两个整型数据相除的结果仍然是整型数据，不能被整除时结果中的小数部分被舍去。当除数和被除数中有一个负整数时，其结果随机器而定，多数机器采取“向零取整”的原则，即向零靠近取整。如“8/5”的结果为 1，“8/(－5)”的结果为－1。

%　模运算符(求余运算符)。如表达式“x%y”表示求 x 除以 y 的余数。在模运算(求余运算)中，%两侧的运算量必须都是整型，其结果是两数相除所得的余数。在多数机器上，所得的余数与被除数符号相同。如“8%(－5)”的结果为 3，而“(－8)%5”的结果为－3。

如果参加运算(＋、－、＊、/)的两个数中有一个是实型数据，其结果将是 double 型数据。

2. 自增、自减运算符

视频

自增自减运算符

自增、自减运算符用来对一个操作数进行加 1 或减 1 运算，其结果仍然赋值给该操作数，而且参加运算的操作数必须是变量，而不能是常量或表达式。

自增运算符：如“x＋＋”表示在使用 x 之后，使 x 的值加 1，即“x＝x＋1”。

“＋＋x”表示在使用 x 之前，先使 x 的值加 1，即“x＝x＋1”。

自减运算符：如“x－－”表示在使用 x 之后，使 x 的值减 1，即“x＝x－1”。

“－－x”表示在使用 x 之前，先使 x 的值减 1，即“x＝x－1”。

“＋＋x”和“－－x”都把运算符用在了操作数之前，称为前缀运算；前缀运算是变量首先加 1 或减 1，然后再使用变量的值。“x＋＋”和“x－－”，则为后缀运算。而后缀运算则是使用变量的值后，再执行变量加 1 或减 1。

〖做中学 0-6〗　变量自加运算。

〖程序代码〗

```
#include <stdio.h>
void main(){
    int x,y,z1,z2;
    x = 7;
    y = 8;
    z1 = y - (x + + );                /* 计算结束后,x 的值为 8 */
    z2 = y - ( + + x);                /* x 的值为 8,先自加为 9,再求与 y 的差 */
    printf("x = %d\ty = %d\ny - (x + + ) = %d\ny - ( + + x) = %d",x,y,z1,z2);
}
```

〖程序运行〗

```
x=9     y=8
y-(x++)=1
y-(++x)=-1
```

〖程序解析〗

在“z1=y-(x++)”中，先取出x的值执行“y-x”，得到1并将其赋值给z1，然后执行x加1使得x的值变为8。当执行后面的计算式“z2=y-(++x)”时，++x被先执行，得到9后赋给x，然后再执行“y-x”，这样最后得到z2的结果是-1。

若有“x=3;y=(++x)+(++x)+(++x);z=x+++x+++x++;”，那么y和z的值分别是多少？

3. 算术表达式

算术表达式中运算对象可以是常量、变量或函数等。例如，“a%5/2-(b+2)”就是一个合法的算术表达式。

C语言规定了运算符的优先级和结合性(见附录D)，在算术表达式求值时，按照优先级别的高低和结合方向来依次运算。例如在计算表达式“a-b*c”时，b的左侧为减号，右侧为乘号，而乘号优先于减号，因此相当于“a-(b*c)”。如果在一个运算对象两侧的运算符的优先级别相同，例如“a-b+c”，则按规定的结合方向处理。

C语言中表达式要按照规定的语法来写。例如，一个表达式应该写在一行，表达式中不允许使用方括号和花括号，表达式中也不允许省略运算符等。

0.4.2 赋值运算符和赋值表达式

赋值运算符有基本赋值运算符(=)以及复合赋值运算符，也称扩展赋值运算符(*=、+=等)两类。赋值运算符“=”，可将一个表达式或数据的值赋值给一个变量。由赋值运算符将一个变量与一个表达式连接起来的式子称为赋值表达式。

视频

赋值运算符

1. 基本赋值运算符

赋值的含义是将赋值运算符右边表达式的值，存入左边以变量名为标识的存储单元中。例如，“x=5”的作用是将常量5存放到以x为标识的存储单元中。

注意

赋值运算符的左边必须是变量，右边可以是常量、变量、函数或由它们组成的表达式。例如，“y=total()+x*3”是合法的赋值表达式，“3=x”是不合法的赋值表达式。

2. 复合赋值运算符

为了使程序简练并提高编译效率，C 语言允许将双目运算符加在"＝"的前面构成复合赋值运算符。其形式为：

＜双目运算符＞＝

例如，"x＋＝3"等价于"x＝x＋3"。复合赋值运算符总共有 10 种：＋＝、－＝、*＝、/＝、%＝、＞＞＝、＜＜＝、&＝、^＝、|＝。

前 5 种是算术复合赋值运算符；后 5 种是位复合赋值运算符，在后面的学习内容中将介绍。

3. 赋值表达式

赋值表达式的一般形式为：

＜变量＞＜赋值运算符＞＜表达式＞

其中，表达式可以是常量、变量、函数或由它们组成的表达式，也可以是赋值表达式，赋值表达式的值为赋值号右边表达式的值。

在进行赋值运算时，如果赋值运算符两边的数据类型不同，系统将会自动进行类型转换，即将赋值运算符右边的数据类型转换成左边的变量类型。当左边是整型而右边是实型时，将去掉小数部分并截取该整型对应的有效位数。当左边是单精度而右边是双精度实型时，系统将进行四舍五入处理并截取相应的有效位数。

当赋值运算符是复合赋值运算符时，赋值表达式等价于

＜变量＞＝＜变量＞＜双目运算符＞＜表达式＞

即将变量的当前值取出，与表达式进行由双目运算符确定的运算，最后将所得的结果再赋值给该变量。例如，"y/＝x＋9"实际上等价于"y＝y/(x＋9)"。注意：将复合赋值运算符右侧的表达式看成一个整体。

当赋值运算符右边的表达式为赋值表达式时，根据赋值运算符的结合性来处理运算，赋值运算符的结合方向为右结合。

例如，设 a 的初值为 5，对表达式"y＝a *＝6＋(a＋＝1)"进行求值。在求值时，首先计算"(a＋＝1)"，得到"a＝6"；再进行"a *＝6＋6"的运算，相当于"a＝a * (6＋6)"，得到 a 的值为"6 * (6＋6)＝72"；最后再执行"y＝a"运算，得到 y 的值为 72。

0.4.3 关系运算符和关系表达式

视频

关系运算符

关系运算是对两个运算对象进行大小比较的运算。C 语言中的关系运算符见表 0－5。关系运算符的优先级低于算术运算符，高于赋值运算符。

关系表达式是用关系运算符将两个表达式连接起来的式子，称为关系表达式。关系表达式的一般形式为：

＜表达式＞＜关系运算符＞＜表达式＞

其中，表达式可以是算术表达式、逻辑表达式、赋值表达式或字符表达式，也可以是关系表达式。例如，"x＞＝y""3 * b＝＝(a＞5)""(a＞b)＜(a＜2)"都是合法的。

表0-5 关系运算符

关系运算符	名　称	示　例	优先级	
>	大于	a>3	相同	高
>=	大于或等丁	a>=3		
<=	小于或等于	a<=b−c		
<	小于	y+x>3 * sin(x)		
==	等于	i==5	相同	低
!=	不等于	m!=n		

关系表达式的值非真即假。当关系表达式成立时，关系表达式的值为1(真)；当关系表达式不成立时，其值为0(假)。例如，“a=(b>=3)”在运算时，根据优先级别首先做关系运算“b>=3”，如果b等于5，则“5>=3”的结果为1；然后再进行赋值运算，得到结果a等于1。

视频

逻辑运算符

0.4.4 逻辑运算符和逻辑表达式

C语言有三种逻辑运算符，分别是逻辑与(&&)、逻辑或(‖)、逻辑非(!)，逻辑运算符见表0-6。

表0-6 逻辑运算符

逻辑运算符	名　称	示　例	优先级
!	逻辑非	!(x>9)	高
&&	逻辑与	(x>2) && (y<9)	↑
‖	逻辑或	(x>2) ‖ (y<9)	低

逻辑运算符“!”是单目运算符，而“&&”和“‖”是双目运算符。

逻辑运算符比关系运算符优先级低，比赋值运算符优先级高。

用逻辑运算符将运算对象连接起来的式子称为逻辑表达式。例如，a>b && c>d。

关系表达式和逻辑表达式主要在判断是否满足指定条件时使用。和关系表达式一样，逻辑表达式的值只有“真”和“假”，当逻辑关系成立时，逻辑表达式的值为1(真)，当逻辑关系不成立时，逻辑表达式的值为0(假)。当a、b的值为不同的组合时，逻辑运算“!a”“a && b”“a ‖ b”的真值表见表0-7。

表0-7 真值表

a	b	!a	a && b	a ‖ b
1	1	0	1	1
1	0	0	0	1
0	1	1	0	1
0	0	1	0	0

用表达式来替代 a 和 b,就得到扩展的逻辑运算表达式。

C 语言规定,当运算对象为 0 时,即判定其为假,当运算对象为非 0 的任何值(包括负值),即判定其为真。例如,a＝2,b＝0,则“! a”等于 0,“! b”等于 1,“a&&b”等于 0,“a ‖ b”等于 1。

C 语言在逻辑表达式求解时,不一定要执行完逻辑表达式中所有的逻辑运算符,只要能判断出表达式的值,就不再执行下去。

例如,对于表达式“a&&b&&c”,只要有一个运算对象为假,则结果为假,因此当 a 为假时,则可得出该表达式的值为假,不需要判断 b 和 c 的值;只有当 a 为真时,才需要判断 b;只有 a 和 b 都为真时,才需要判断 c。

对于表达式“a ‖ b ‖ c”,只要有一个表达式的值为真,其结果就为真,因此当 a 的值为真时,可得出表达式的值为真,程序不再对 b、c 进行判断;只有 a 的值为假,才需判断 b;只有当 a、b 都为假时,才需进一步判断 c 的值。

0.4.5 逗号运算符和逗号表达式

“,”为逗号运算符,又称为顺序求值运算符。用逗号运算符可以将若干个表达式连接起来构成一个逗号表达式。逗号表达式的一般形式为:

表达式 1,表达式 2,…,表达式 n

逗号运算符在所有的运算符中的优先级别最低,其结合性为左结合性,即从左到右顺序求值。先求解表达式 1,再求解表达式 2,…,最后求解表达式 n,而表达式 n 的值即为整个逗号表达式的值。

用逗号运算符连接的表达式也可以是赋值表达式,如“a＝2＊3,a ＊＝4,a－6”。

在处理时首先按照优先级别和结合性首先计算“a＝2＊3”,得到“a＝6”,再处理“a ＊＝4”,即“a＝a＊4”,将“a＝6”代入,得到“a＝24”,最后再将 a 值代入“a－6”,得到 18。此逗号表达式的最终结果为 18,而 a 的值为 24。

另外,并不是在任何地方出现的逗号都是作为逗号运算符,多数情况下逗号只作为分隔符使用,比如函数参数之间、定义变量时各个变量名之间都是用逗号作为分隔符的。

0.4.6 条件运算符和条件表达式

视频

条件运算符

C 语言中的条件运算符由问号(?)和冒号(:)组成。它是 C 语言中唯一的一个三目运算符。要求 3 个运算对象同时参加运算。由条件运算符构成的条件表达式的一般形式如下:

表达式 1 ? 表达式 2:表达式 3

运算规则:如果表达式 1 为“真”,则求解表达式 2 的值,并将其作为整个条件表达式的值;否则就求解表达式 3 的值,并将其作为整个条件表达式的值。例如:

```
sum = (a> = b + 3)? 5:a;
```

当 a=3、b=5 时，sum=3；而当 a=3、b=0 时，sum=5。

（1）条件运算符仅比赋值运算符优先级高，低于逻辑运算符、关系运算符和算术运算符。

例如，“x=a * b !=0? a+1:b/2”相当于“x=(a * b !=0)? (a+1):(b/2)”。首先计算“a * b”，并与 0 比较，如果其值不等于 0，即表达式“a * b !=0”为真，则计算“a+1”，并将所得结果赋值给 x；否则计算“b/2”，并将所得结果赋值给 x。

（2）条件运算符的结合方向为右结合。

例如，“x=a * b !=0? a+1:b>2? 3:b/2”相当于“x=(a * b !=0)? (a+1):((b>2)? 3:(b/2))”，按照先右后左的顺序，首先计算右边的条件表达式“b>2? 3:b/2”，然后代入求得的值，再求解左边的条件表达式。

（3）C 语言会将条件表达式的值的数据类型自动转换为表达式 2 和表达式 3 中较高级的数据类型，原则上表达式 2 和表达式 3 的值的数据类型相同。例如：

```
x = (a>b)? 'a':1.2
```

如果 a 小于等于 b，则将条件表达式的值 1.2 赋给 x；如果 a 大于 b，则将条件表达式的值' a '的 ASCII 码（即 97）赋给 x，但由于 1.2 是实型，因此结果 97 将被转换为实型后再赋给 x。

几种运算符的优先级见表 0-8。

表 0-8　运算符的优先级

括号	逻辑非	算术运算符	关系运算符	逻辑与	逻辑或	条件运算符	赋值运算符
()	!	+、-、*、/、%、++、--	>、<、>=、<=、==、!=	&&	‖	?:	=、复合赋值运算符
高←————————————————低							

0.5　Visual Studio 2019 应用简介

Visual Studio（简称 VS）是美国微软公司的开发工具包系列产品。VS 2019 包含了 Visual C++2019、Visual Basic 2019、Visual F++2019 等软件组件。

利用 VS 2019 提供的向导工具，开发 C 语言程序的步骤如下。

1. 创建项目

打开 VS 2019 开发工具，在菜单栏中依次选择“文件→新建→项目”，或直接按下“Ctrl+Shift+N”组合键，弹出“创建新项目”对话框，选择“空项目”模板，单击“下一步”按钮，弹出如图 0-5 所示的“配置新项目”对话框，填写项目名称、位置，勾选“将解决方案和项目放在同一目录中”复选框，单击“创建”按钮进入项目操作界面。

2. 添加源文件

在“解决方案资源管理器”窗口中的“源文件”上单击鼠标右键，依次选择“添加→新建

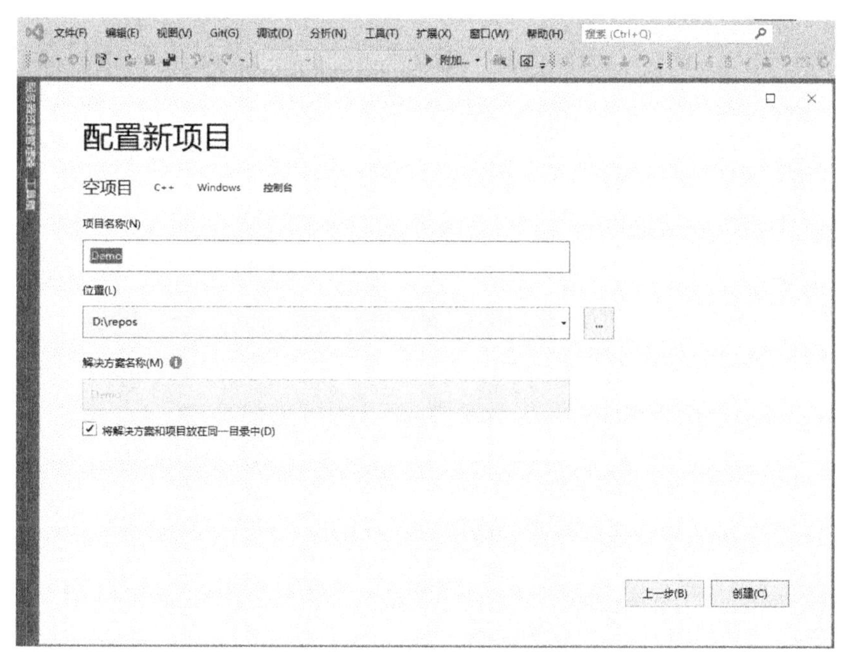

图 0-5 "配置新项目"对话框

项",或直接按下"Ctrl+Shift+A"组合键,弹出"添加新项"对话框,如图 0-6 所示。选择"C++文件(.cpp)",输入文件名"hello.c",扩展名必须修改为".c",单击"添加"按钮,添加一个新的 C 语言源程序文件。

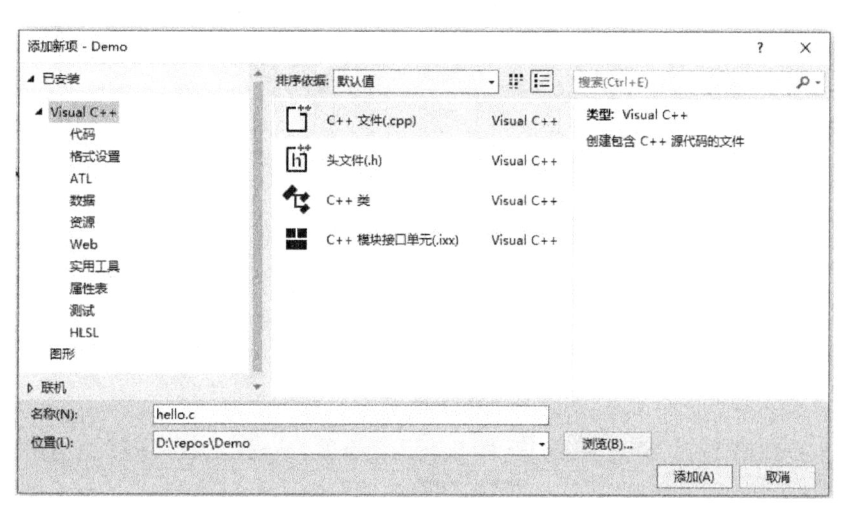

图 0-6 "添加新项"对话框

3. 编译

单击"生成"菜单中的"编译"菜单项,或按"Ctrl+F7"组合键,可以完成源程序的编译过程。在源程序中,逐个修改"错误列表"标签页中显示的所有词法、语法错误后,编译成功,在"Debug"文件夹中生成"hello.obj"文件,这个文件就是目标文件。

在 VS 2019 开发环境中，使用“scanf()”函数，会在生成解决方案时产生“C4996”错误，有三种解决方案。

方法一：将源程序中所有“scanf()”函数替换成“scanf_s()”，即可避免出现该错误。

方法二：在源程序的第一行添加“＃pragma warning(disable：4996)”或“＃define_CRT_SECURE_NO_WARNINGS”，也可以避免出现该错误。

方法三：单击“项目”菜单中“属性”菜单项，出现“属性页”对话框，修改“C/C＋＋→预处理器→预处理器定义”的值为：“_CRT_SECURE_NO_WARNINGS”字符串，也可以避免出现该错误，如图 0－7 所示。

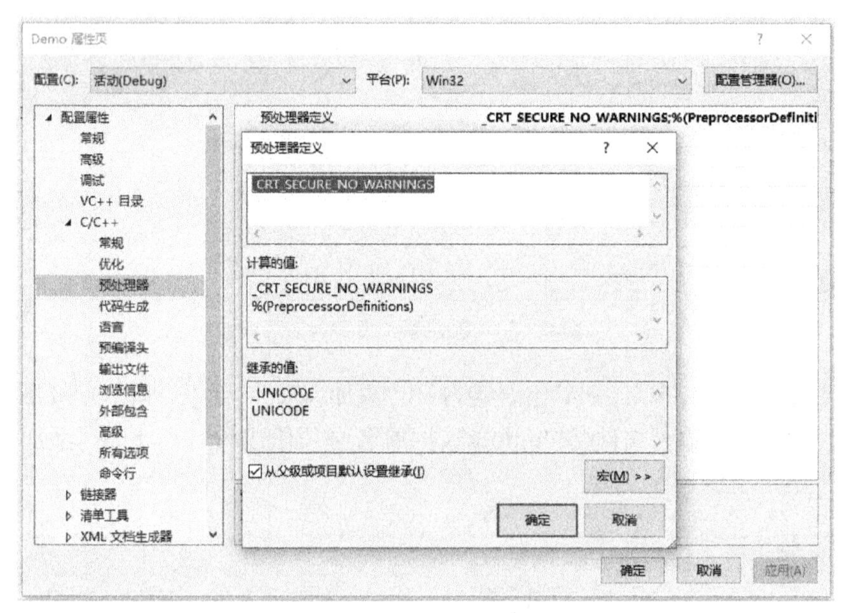

图 0－7 “属性页”对话框

4. 连接

依次选择“生成→仅用于项目→仅连接 Demo”，或按“Ctrl＋B”组合键，就完成了“hello.obj”的连接工作。如果没有错误，在“Debug”文件夹中生成“Demo.exe”文件，这个文件就是可执行程序。

5. 运行

方法一：双击“Demo.exe”文件开始运行程序。

方法二：单击“调试”菜单中的“开始执行”菜单项，或按“Ctrl＋F5”组合键开始运行程序。

方法三：单击工具栏中的“本地 Windows 调试器”按钮，或按 F5 功能键，一键完成编译、连接、运行。

0.6 Dev－C＋＋应用简介

单击“Dev－C＋＋”命令，即可启动 Dev－C＋＋集成开发工具。

1. 编辑源程序

依次单击“File→New→Source File”，或按“Ctrl+N”组合键，出现源程序文件编辑界面，输入程序代码。

2. 保存源程序

单击“File”菜单中的“Save”菜单项，或单击常用工具栏中 工具，或按“Ctrl+S”组合键，弹出“保存为”对话框，如图 0-8 所示。选择保存类型为“C source files(*.c)”，输入文件名，选择保存位置，单击“保存”按钮完成 C 语言源程序的保存。

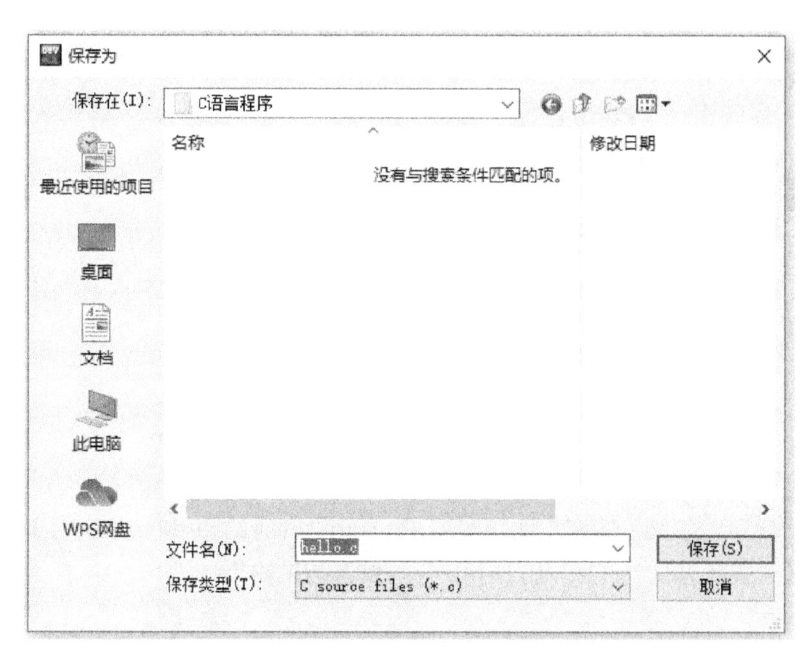

图 0-8 “保存为”对话框

3. 预处理、编译、连接程序

单击“Execute”菜单中的“Compile”菜单项，或按 F9 功能键，可以一次性完成源程序的预处理、编译和连接过程。如果源程序中存在词法、语法等错误，则编译过程失败，编译器将会在屏幕右下角的“Compile Log”标签页中显示错误信息，并且将源程序相应的错误行标成红色底纹。“Compile Log”标签页中显示的错误信息是寻找错误原因的重要信息来源。排除了源程序中存在的词法、语法等错误后，编译成功，在源程序所在目录下出现一个与源程序同名扩展名为“.exe”的文件，这个文件是可执行程序。

4. 运行程序

源程序编译成功后，单击“Execute”菜单中的“Run”菜单项，或按 F10 功能键即可运行程序。

5. 打开源程序

单击“File”菜单中的“Open Project or File”菜单项，在弹出的对话框中指定文件所在的路径，选择要打开的源程序即可。

边学边练

〖练中学 0-1〗 实现在屏幕上显示如下两行文字：

```
Hello,teacher!
I am a student!
```

〖算法设计〗 在屏幕上的显示内容，是通过 printf()函数输出的。可以在 printf()函数中使用控制符“\n”来换行，printf()函数的头文件是 stdio.h，在程序中应使用“#include <stdio.h>”语句来包含该头文件。

〖程序代码〗

```
#include <stdio.h>
void main(){
    printf("Hello,teacher! \n");
    printf("I am a student!");
}
```

〖练中学 0-2〗 实现两个整型数相加，并显示结果。

〖算法设计〗 定义三个整型变量 a、b、sum，分别给 a 和 b 赋值，通过表达式“sum=a+b”计算出两个数的和，用 printf()函数将结果输出。

〖程序代码〗

```
#include <stdio.h>
void main(){
    int a = 12,b = 45,sum;
    sum = a + b;
    printf("sum = %d",sum);
}
```

〖程序运行〗

```
sum = 57
```

〖练中学 0-3〗 编一个程序，利用 ASCII 码值实现大写转小写。

〖算法设计〗 字符型数据在计算机中存储的是字符的 ASCII 码，字符 A 的 ASCII 码值用十进制表示就是 65，字符 a 的 ASCII 码值用十进制表示是 97，大小写之间的 ASCII 码值相差 32。

〖程序代码〗

```
#include <stdio.h>
void main(){
    char char1,char2,char3,char4;                /* 定义字符类型 */
    char1 ='B';                                  /* 以字符型常量赋值 */
    char2 = 67;                                  /* 数值型常量赋值 */
    char3 = char1 + 32; char4 = char2 + 32;      /* 整型数值运算 */
    printf("%c 的小写是 %c,%c 的小写是 %c\n",char1,char3,char2,char4);
    printf("%c 的 ASCII 码是 %d,%c 的 ASCII 码是 %d\n",char1,char1,char3,char3);
    printf("%c 的 ASCII 码是 %d,%c 的 ASCII 码是 %d\n",char2,char2,char4,char4);
}
```

〖程序运行〗

```
B 的小写是 b,C 的小写是 c
B 的 ASCII 码是 66,b 的 ASCII 码是 98
C 的 ASCII 码是 67,c 的 ASCII 码是 99
```

〖练中学 0-4〗 分析下列程序的输出结果,并与程序运行后的输出结果进行对照。

〖程序代码〗

```
#include <stdio.h>
void main(){
    int y = 6;
    printf("%d  ",++y);        /* 先进行自增运算,再输出 y */
    printf("%d  ",--y);        /* 先进行自减运算,再输出 y */
    printf("%d  ",y++);        /* 先输出 y,再进行自增运算 */
    printf("%d  ",y--);        /* 先输出 y,再进行自减运算 */
    printf("%d  ",-y++);       /* -运算符的优先级高于自增自减运算符 */
    printf("%d\n",-y--);
}
```

〖程序运行〗

```
7  6  6  7  -6  -7
```

〖练中学 0-5〗 已知圆半径(r)、圆柱高(h),求圆周长、圆柱体积。

〖算法设计〗 已知圆周长等于 $2\pi r$,圆柱体积等于 $\pi r^2 h$,通过变量的定义和表达式,计算出圆周长和圆柱体积。

〖程序代码〗

```
#include <stdio.h>
```

```
#define PI 3.14
void main(){
    double r = 2.0,h = 5.0,s,v;        /* 定义双精度数据类型常量与变量 */
    s = 2.0 * PI * r;
    v = PI * r * r * h;
    printf("圆周长为：%7.2f\n",s);
    printf("圆柱体积为：%7.2f\n",v);
}
```

【程序运行】

```
圆周长为：  12.56
圆柱体积为：  62.80
```

【练中学 0-6】 编写程序，读入两个字符数据给 ch1、ch2，然后交换它们的值。

【算法设计】 定义三个字符型变量，其中两个变量用于存储用户输入的字符型数据，另一个变量用作中间变量，进行两个字符数据的交换。

【程序代码】

```
#include <stdio.h>
void main(){
    char ch1,ch2,m;
    printf("请输入两个字符:");
    scanf("%c,%c",&ch1,&ch2);
    m = ch1;
    ch1 = ch2;
    ch2 = m;
    printf("ch1 = %c\n",ch1);
    printf("ch2 = %c\n",ch2);
}
```

【程序运行】

```
请输入两个字符：a,b↙
ch1 = b
ch2 = a
```

【练中学 0-7】 找出下列程序的错误或警告，使其运行结果为："a=   3.00,b=   4.00,c=   5.00"（输出结果占 7 位字符空间）。

【程序代码】

```
#include <math.h>
```

```
void main(){
    float a=3,b=4,c;
    c=sqrt(a*a+b*b);
    printf("a=%7.2f,b=%7.2f,c=%7.2f",a,b,c);
}
```

【程序解析】 在第5行中出现的printf()函数是输出函数，因此要调用库函数。在程序开始处增加“#include <stdio.h>”语句。

拓展提升

C语言的发展历程及特点

视频

C语言的前世今生

拓展提升

Turbo C 应用简介

拓展提升

Visual C++ 6.0 应用简介

程序设计基础的内容结构如图0-9所示。

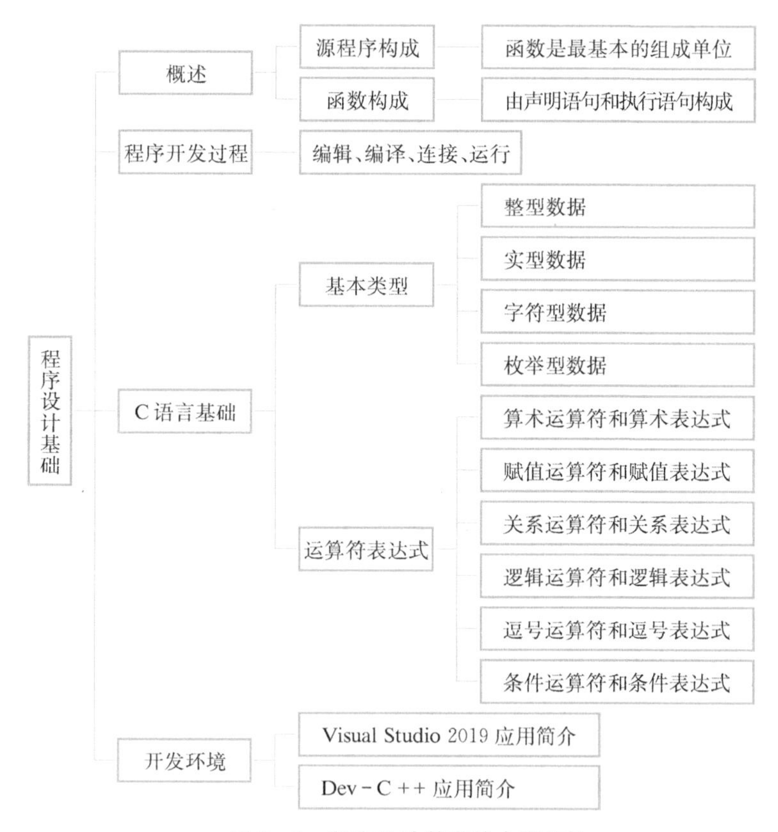

图0-9 程序设计基础的内容结构

强化练习

0-1 选择题

1. 一个C语言程序的执行是从(　　)。

A) 本程序的main()函数开始,到main()函数结束

B) 本程序文件的第一个函数开始,到本程序文件的最后一个函数结束

C) 本程序的main()函数开始,到本程序文件的最后一个函数结束

D) 本程序文件的第一个函数开始,到本程序main()函数结束

2. 以下叙述正确的是(　　)。

A) 在C语言程序中,main()函数必须位于程序的最前面

B) C语言程序的每行中只能写一条语句

C) C语言本身没有输入输出语句

D) 在对一个C语言程序进行编译的过程中,可发现注释产生的拼写错误

3. 以下叙述不正确的是(　　)。

A) 一个C语言程序可由一个或多个函数组成

B) 一个C语言程序必须包含一个main()函数

C) C语言程序的基本组成单位是函数

D) 在C语言程序中,注释说明只能位于一条语句的后面

4. C语言规定:在一个源程序中,main()函数的位置(　　)。

A) 必须在最开始　　B) 必须在系统调用的库函数的后面

C) 可以任意安排　　D) 必须在最后

5. 一个C语言程序是由(　　)。

A) 一个主程序和若干子程序组成　　B) 函数组成

C) 若干过程生成　　D) 若干子程序组成

6. 以下选项中属于C语言的数据类型是(　　)。

A) 复数型　　B) 逻辑型　　C) 双精度型　　D) 集合型

7. 在C语言中(Turbo C中),不正确的int类型的常数是(　　)。

A) 32768　　B) 0　　C) 037　　D) 0xAF

8. C语言中运算对象必须是整型的运算符是(　　)。

A) %=　　B) /　　C) =　　D) <=

9. 以下所列的C语言常数中,错误的是(　　)。

A) 0xFF　　B) 1.2E0.5　　C) 2L　　D) '\72'

10. 以下选项中不合法的字符常量是(　　)。

A) '\104'　　B) "B"　　C) 68　　D) 'D'

11. 以下合法的赋值语句是(　　)。

A）x=y=100;　　B）d−−;
C）x+y;　　D）c=int(a+b);

12. 假定 x 和 y 为 double 型，则表达式“x=2，y=x+3/2”的值是（　　）。
A）3.500000　　B）3　　C）2.000000　　D）3.000000

13. a 为 int 类型，且其值为 3，则执行完表达式“a+=a−=a*a”后，a 的值是（　　）。
A）−3　　B）9　　C）−12　　D）6

14. 若有以下程序段“int c1=1，c2=2，c3；c3=1.0/c2*c1；”，则执行这段程序后，c3 中的值是（　　）。
A）0　　B）0.5　　C）1　　D）2

15. 若变量 a、i 已正确定义，且 i 已正确赋值，合法的语句是（　　）。
A）a==1　　B）−+i;　　C）a=++a=5;　　D）a=int(i);

16. 若变量 a、b、c 已正确定义并赋值，下面符合 C 语言语法规则的表达式是（　　）。
A）a?=b+1　　B）a=b=c+2
C）int 85%3　　D）a=a+7=c+b

17. 下列变量定义中合法的是（　　）。
A）short _a=1.3e−1;　　B）double b=1+5e2.5;
C）long d0=oxfdml;　　D）float 2_and=1−e−3;

18. 假定有以下变量定义“int k=7，x=12；”，则能使其值为 3 的表达式是（　　）。
A）x%=(k%=5)　　B）x%=(k−k%5)
C）x%=k−k%5　　D）(x%=k) − (k%=5)

19. 设 x 和 y 均为 int 型变量，则语句“x+=y；y=x−y；x−=y；”的功能是（　　）。
A）把 x 和 y 按从大到小排列　　B）把 x 和 y 按从小到大排列
C）无确定结果　　D）交换 x 和 y 中的值

0-2　填空题

1. C 语言程序的基本组成单位是________。
2. 一个 C 语言程序只能包括一个________。
3. 在一个 C 语言程序中，注释部分两侧的分界符分别为________和________。
4. 在 C 语言程序中，基本输入操作是由库函数________完成的，输出操作是由库函数________完成。
5. 设有“int x=11；”则表达式“x++ * 1/3”的值是________。
6. 若有定义“int a=10，b=9，c=8；”，执行下列语句后，变量 c 中的值是________。

```
c=(b-=(b-5));c=(a%11)+(b=3);
```

7. 已知定义了变量：“char w；int x；float y；double z；”，则表达式“w * x+z−y”所求得的数据类型为________。
8. 已知“int j，i=1；”，执行语句“j=−i++；”后，j 的值是________。
9. 已知“float x=1，y；”，则“y=++x * ++x”的结果为________。

10. 若有定义“char c='\010';”,则变量c中包含的字符个数为________。

11. 将下列代数式写成C语言的表达式。

(1) $2\pi r$ ____________________

(2) $-b+\sqrt{a^3+6t}$ ____________________

0-3 问答题

1. 什么是函数体?
2. 什么是编译、连接?
3. 一个完整的程序应包含哪些内容?
4. 在C语言中字符型数据是以什么形式存放的?

文本

参考答案
(程序设计
基础)

模块一　顺序程序设计训练

能力目标

(1) 了解结构化程序的基本结构；
(2) 了解流程控制的基本语句；
(3) 熟练掌握数据的输入/输出处理函数和表达式语句；
(4) 掌握构建顺序结构程序的基本语句及程序基本构架；
(5) 掌握顺序结构程序设计方法。

知识准备

〖引例任务〗 判断从键盘输入的整数数据的奇偶性。

〖程序代码〗

```
#include <stdio.h>
void main(){
    int num;
    do{
        printf("\n请输入一个自然数:");          /*提示用户输入一个数值*/
        scanf("%d",&num);                     /*接受用户输入的数值*/
        if (num%2==0)
            printf("你输入的是一个偶数\n");
        else
            printf("你输入的是一个奇数\n");
    }while(num!=0);
}
```

〖程序运行〗

```
请输入一个自然数：25↙
你输入的是一个奇数
请输入一个自然数：26↙
你输入的是一个偶数
请输入一个自然数：0↙
你输入的是一个偶数
```

〖引例解析〗

（1）当 num 变量的值不为 0 时，循环执行。

（2）if(num%2==0)是判断语句，当关系表达式 num%2==0 成立时，表示 num 变量中的数据是偶数。

（3）scanf()函数接收用户通过键盘输入的数据到指定变量。

（4）printf()函数向计算机屏幕输出信息。

〖知识点〗

引例中出现了输入、处理、输出等操作，这些操作具有特定的流程，这些流程常称为算法，引例算法描述如图 1-1 所示，体现了结构化程序设计的基本思想。

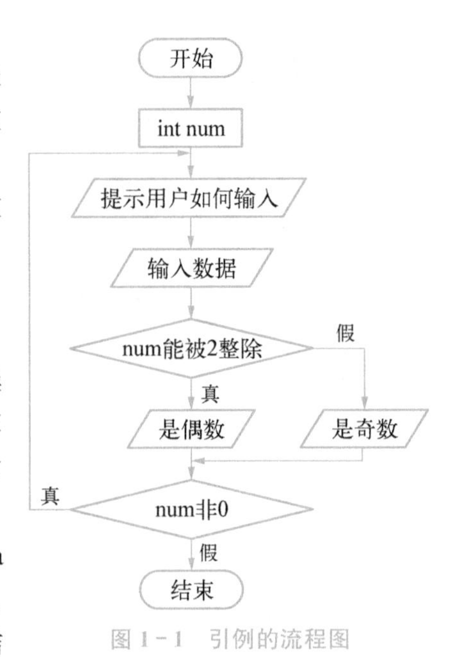

图 1-1　引例的流程图

结构化程序设计的概念最早由E. W. Dijikstra在 1965 年提出的，是软件发展的一个重要里程碑。任何程序都可由顺序、选择和循环三种基本控制结构构成。

本模块的主要内容是学习算法及描述、字符及格式化数据的输入输出、操作语句。

1.1　程序和算法

视频

程序和算法

1.1.1　程序

1. 程序的定义

源程序是用程序设计语言描述的适合计算机执行的指令(语句)序列。由于计算机目前还不能理解人类的自然语言，所以还不能用自然语言编写计算机程序。

程序是为实现特定目标或解决特定问题而用计算机语言编写的命令序列的集合。一个程序应该包括以下两个方面的内容。

（1）对数据的描述。在程序中要指定数据的类型和数据的组织形式，即数据结构。

(2) 对操作的描述。即操作步骤,也就是算法。

可用下面的等式来简略描述程序与算法、数据结构之间的关系。

程序=数据结构+算法

2. 程序设计

程序设计是解决特定问题的编程过程。程序设计往往以某种程序设计语言为工具,给出这种语言下的源程序。程序设计应当包括分析、设计、编码、测试、编写文档等不同阶段。

(1) 分析问题。对于接受的任务要进行认真的分析,研究已给定的条件,分析最后应达到的目标,找出解决问题的规律,选择解题的方法。

(2) 设计算法。设计出解决问题的具体方法和步骤。

(3) 编写程序代码。将算法翻译成计算机程序设计语言,对源程序进行编辑、编译和连接。

(4) 测试程序,分析运行结果。得到了运行结果并不意味着程序正确,要对运行结果进行分析。

(5) 编写程序文档。编写程序使用说明书,内容应包括:程序名称、程序功能、运行环境、程序的装载和启动、需要输入的数据,以及使用注意事项等。

1.1.2 算法

1. 算法的定义

广义地讲,算法是指为解决某个具体问题而采取的方法和步骤。事实上,在日常生活中,我们做每一件事都遵循着一定的"算法"。

计算机的算法分为两大类:数值运算算法和非数值运算算法。

数值运算算法解决的是求数值解的问题。例如,用牛顿迭代法求方程的根、梯形法求定积分等。这类算法比较成熟,学习的重点就是理解和掌握它们。

非数值运算算法涉及的内容十分广泛,难以规范化。其中某些典型的应用有比较成熟的算法,比如排序算法中的冒泡法、选择法等,查找算法中的二分法等。但很大一部分非数值运算问题,都需要参考已有的类似算法,针对具体问题重新设计。

每一个算法都是由一系列的操作构成,同一操作序列,按不同的顺序执行,就形成不同的控制结构,会得到不同的结果。根据算法控制结构的不同,程序可分为三种结构:顺序结构、分支结构和循环结构。

(1) 顺序结构。程序运行时,程序中的各条语句是按照先后顺序执行的。顺序结构是程序中最主要、最基本的控制结构。一个程序的整体结构是顺序结构。

(2) 分支结构。程序的处理流程出现了分支,需要根据某一特定的条件选择其中的一个分支执行。例如引例中 if 语句实现的就是分支结构。若"num%2==0"成立,则输出"你输入的是一个偶数",否则输出"你输入的是一个奇数"。分支结构是程序中的局部结构。

(3) 循环结构。程序反复执行某个或某些语句,直到某个条件为假(或为真)时才可终止循环。如引例中的do-while语句就是用来控制反复输入与判断操作的，只有用户输入0时才能正常结束程序运行。循环结构也是程序中的局部结构。

视频

程序设计与控制结构

2. 算法描述

算法具有五个特征，算法描述必须符合这五个特征。

有穷性：一个算法必须保证执行有限步骤之后结束。

确切性：算法的每一步骤必须有确切的定义。

有输入：一个算法有0个或多个输入，以定义运算对象的初始情况，所谓0个输入是指算法本身定义了初始条件。

有输出：一个算法有一个或多个输出，以反映对输入数据加工后的运行结果。没有输出的算法是毫无意义的。

可行性：算法原则上能够精确地运行，而且人们用笔和纸做有限次运算后即可完成。

对于算法，需要用一种方式进行详细的描述，以便与人交流。描述可以使用自然语言、伪代码、流程图或N－S图。

（1）自然语言。自然语言是人类用于书面交流的文字符号。用自然语言也可以描述算法，但自然语言存在二义性，要简单、清晰、准确地描述算法是很困难的。

（2）伪代码。伪代码是自然语言和类编程语言组成的混合结构。它比自然语言更精确，描述算法很简洁；同时也很容易转换成计算机程序。但如果初学者还没有学会任何一种程序设计语言，建议不要使用伪代码来描述算法。

（3）流程图。用流程图描述的算法清晰简洁，不依赖于任何具体的计算机和计算机程序设计语言，从而有利于不同环境的程序设计。

流程图是用几何图形将一个算法的各步骤的逻辑关系展示出来的一种图示技术。流程图的常用符号和含义见表1－1。

表1－1　流程图的常用符号和含义

图形	含义	图形	含义
	圆角矩形表示开始与结束		用平行四边形表示输入或输出
	矩形表示某种操作或计算	→↓	箭头代表工作流方向
	菱形表示问题判断或判定环节	Ⓐ	流程连接点

三种基本结构的流程图如图1－2所示，其中图1－2b中的任务1或任务2可以根据具体情况省略，直接以向下箭头替代，因为在实际问题处理中，在不满足某种条件时可能不需要执行什么任务。

（4）N－S图。N－S图也是常用的算法描述方法之一。N－S图是美国学者I. Nassi和B. Shneiderman提出的一种无流线的流程图，图1－3为三种基本结构的N－S图。

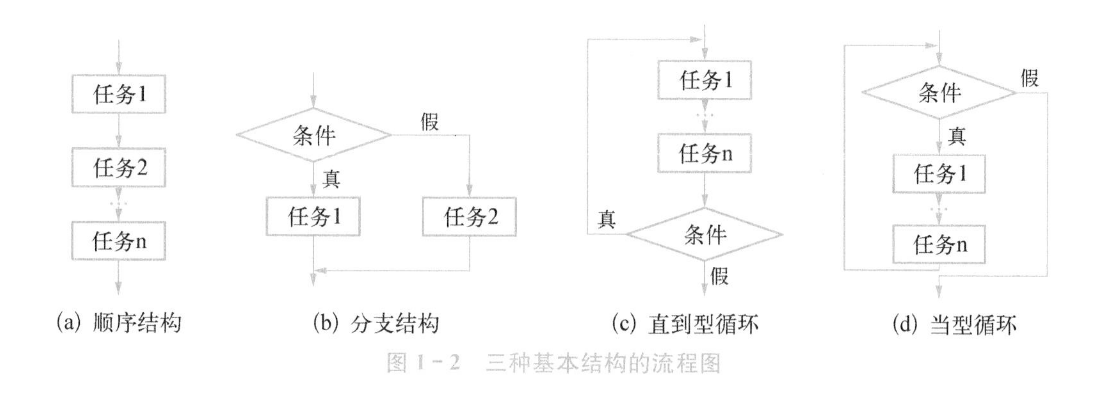

图 1-2 三种基本结构的流程图

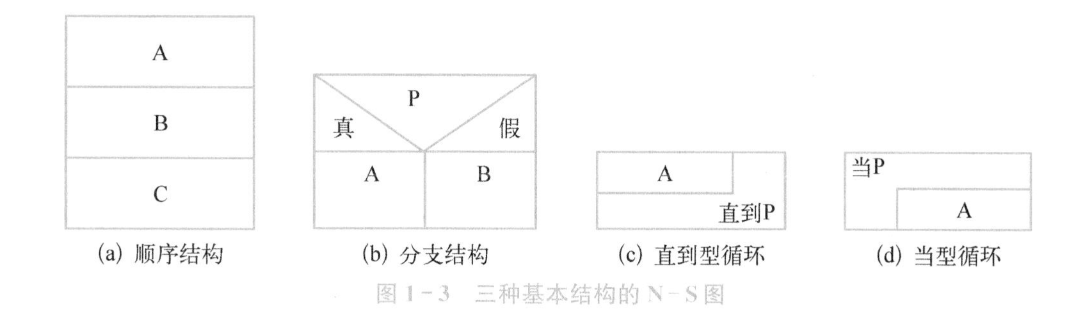

图 1-3 三种基本结构的 N-S 图

1.2 基本语句

C 语言程序设计中的基本语句主要分为两大类：控制语句和操作运算语句，也称表达式语句。

控制语句的作用是用于控制程序的执行顺序，使程序的执行流程发生改变。在 C 语言中，有如下九种控制语句。

(1) if-else，条件语句。

(2) switch-case，多分支选择语句。

(3) while，循环语句。

(4) do-while，循环语句。

(5) for，循环语句。

(6) break，中止循环或 switch 结构语句。

(7) continue，结束本次循环语句。

(8) goto，转向语句。

(9) return，返回语句。

在 C 语言中，操作运算语句有赋值语句、函数调用语句、空语句和复合语句。

1. 赋值语句

赋值表达式后跟一个分号，构成一条赋值语句。一条语句必须以分号结束，例如：

```
a = 5;
a=x+3;
```

2. 函数调用语句

由一次函数调用加上一个分号构成一条语句。例如：

```
printf("How are you?");
y=sin(x);
```

3. 空语句

由一个分号构成的语句，它只是形式上的语句，不产生任何操作，一般用在控制结构或函数之中。例如：

```
void fun(){
    ;
}
```

该函数为用户自定义的函数，被调用时只执行了一个空操作。

4. 复合语句

用花括号“{ }”引起来的一组语句称为复合语句。复合语句格式：

```
{
    语句1
    语句2
    …
    语句n
}
```

注意

复合语句被认为是单条语句，它可以出现在所有允许出现语句的地方，如循环体等。

〖做中学1-1〗 输出余弦函数图形。

〖程序代码〗

```
#include <stdio.h>
#include <math.h>
void main(){
```

```
    double y;
    int x,m;
    for(y=1;y>=-1;y-=0.1) {
        m=(int)(acos(y)*10);
        for(x=1;x<m;x++) printf (" ");
        printf("*");
        for(;x<62-m;x++) printf (" ");
        printf("*\n");
    }
}
```

〖程序运行〗

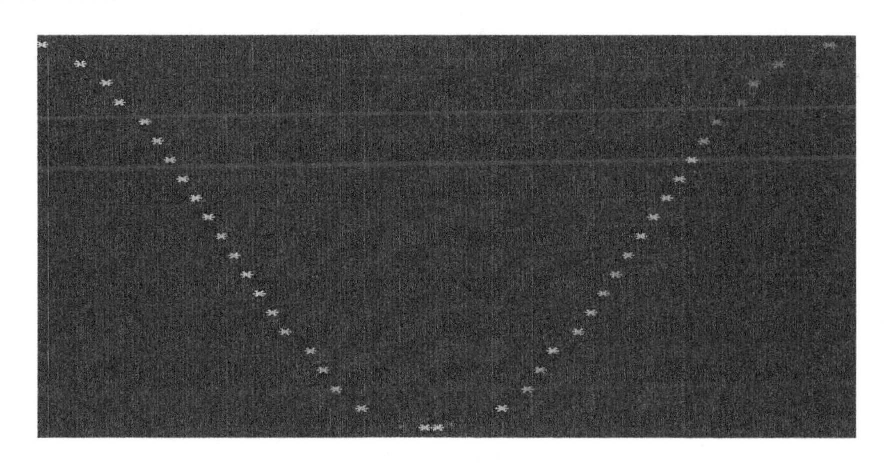

〖程序解析〗 程序中粗体部分是 for 语句的循环体,就是一条复合语句。

1.3 字符输入输出

视频

字符输入输出

C 语言中没有提供专门的输入输出语句,所有的输入输出都是调用标准库函数中的输入输出函数来实现的。字符数据的输入输出是最基本的数据输入输出,由 C 语言标准函数库提供的函数 getchar()和 putchar()实现。

1.3.1 getchar()函数

〖做中学 1-2〗 利用 getchar()函数接收由键盘输入的数据。

〖程序代码〗

```
#include <stdio.h>
void main(){
    char ch;
    printf("请输入多个字母:");
```

```
    ch = getchar();
    printf("你输入的是：%c",ch);
}
```

〖程序运行〗

请输入多个字母：**abcd**↙
你输入的是：a

〖知识点〗

（1）getchar 函数是字符输入函数，它是一个无参函数，其语法格式为：

getchar();

（2）功能：接收从键盘输入的单个字符数据。通常把输入的字符赋予一个字符变量，构成赋值语句。例如：

```
    char ch;
    ch = getchar();
```

使用 getchar()前必须包含头文件“stdio.h”。getchar()函数只能接收单个字符。输入数字时也会按字符处理，输入多于一个字符时，只接收第一个字符。getchar()函数等待用户输入直到按回车键才结束，回车前的所有输入字符都会逐个显示在屏幕上。

1.3.2 putchar()函数

〖做中学 1-3〗 利用 putchar()函数输出字符。

〖程序代码〗

```
#include <stdio.h>
void main(){
    char c = 'B';           /* 定义字符变量 c 并赋值'B' */
    putchar(c);             /* 输出该字符 */
    putchar('\x42');        /* 输出字母 B */
    putchar(0x42);          /* 用 16 进制 ASCII 码值输出字母 B */
    putchar(66);            /* 用 ASCII 码值输出字母 B */
}
```

〖程序运行〗

BBBB

〖知识点〗

（1）putchar()函数的语法格式为：

putchar(字符表达式)；

（2）功能：向标准输出设备输出单个字符数据。

1.4　格式输入输出

所谓格式输入输出，是指按指定的格式输入、输出任意类型数据。在C标准函数库中，提供了格式化输入、输出函数scanf()和printf()。

1.4.1　scanf()函数

scanf()函数称为格式输入函数，按程序指定的格式用键盘把数据输入指定的变量之中。scanf()函数也是一个标准库函数，其函数原型在头文件“stdio.h”中。

〖做中学1-4〗　使用scanf()函数从键盘接收用户的输入。

〖程序代码〗

```
#include <stdio.h>
void main(){
    int a,b,c;
    printf("请输入三个整数，两个整数间用英文空格分开：");
    scanf("%d%d%d",&a,&b,&c);
    printf("a=%d,b=%d,c=%d\n",a,b,c);
}
```

〖程序运行〗

```
请输入三个整数，两个整数间用英文空格分开：11 22 44↙
a=11,b=22,c=44
```

〖程序解析〗

“&a”表示变量a的地址，“&”为取地址运算符。

“&a,&b,&c”表示将键盘收到的数值存储到a、b、c三个变量对应的存储单元中，相当于对这三个变量进行了赋值。

〖知识点〗

（1）scanf()函数语法格式为：

scanf(格式控制，地址列表)；

（2）地址列表中给出各个变量的地址，可以为变量的地址，也可以为字符串的首地址。

(3) 格式控制由格式说明和普通字符两部分组成，必须用双引号括起来。

格式说明由“%”和格式符组成，格式说明必须以字符“%”开头(如“%d”“%c”等)，作用是将输入的数据按格式符指定的格式赋值给地址列表中对应的变量。

普通字符是在输入时需要原样输入的字符，一般起间隔作用。

scanf()函数常用的格式符见表1-2，附加格式说明符见表1-3。

表1-2 scanf()函数常用的格式符

格式符	含义
d,i	用于输入有符号的十进制整数
u	用于输入无符号的十进制整数
o	用于输入无符号的八进制整数
X,x	用于输入无符号的十六进制整数
c	用于输入单个字符
s	用于输入字符串，将字符串存储在一个字符数组中，输入时以非空白字符开始，以空白字符(可以是空格、制表符或换行符)结束，系统将自动在字符串末尾加上'\0'作为结束标志
f	用于输入实数，可以以小数或指数形式输入，但不能指定输入宽度
E,e,G,g	同格式符f

表1-3 scanf()函数附加格式说明符

格式说明符	含义
l	用于输入长整型数据(例如“%ld”“%lo”“%lx”)以及double型数据(例如“%lf”“%le”)
h	用于输入短整型数据(例如“%hd”“%ho”“%hx”)
域宽	指定输入数据所占宽度，为正整数，如scanf("%4d%4d",&a,&b);
*	带*的输入项在读入后将被跳过

〖做中学1-5〗 非格式符的使用。

〖程序代码〗

```
#include <stdio.h>
void main(){
    int a,b,c;
    scanf("%d,%d,%d",&a,&b,&c);
    printf("a=%d,b=%d,c=%d",a,b,c);
}
```

〖程序运行〗

```
5,6,7↙
a = 5,b = 6,c = 7
```

〖程序解析〗 如果格式控制串中有普通字符则输入时也要输入该普通字符。程序中使用了普通字符“,”作间隔符,故输入应为:“5,6,7”。

〖做中学1-6〗 实型数据的输入输出。

〖程序代码〗

```
#include <stdio.h>
int main(){
    float a,b;
    double x,y;
    scanf("%f,%e,%lf,%le",&a,&b,&x,&y);
    printf("%f,%e,%lf,%le \n",a,b,x,y);
    return 0;
}
```

〖程序运行一〗

```
3.1415,3.1415e2,123.456,1234.56e1↙
3.141500,3.141500e+002,123.456000,1.234560e+004
```

〖程序运行二〗

```
3.1415926,666.666666,123456789.123456789,123456.7898765↙
3.141593,6.66667e+002,123456789.123457,1.234568e+005
```

〖程序解析〗 对于十进制小数形式,单精度型和双精度型的有效数字分别是7位和16位。对于十进制指数形式,都是7位有效数字。可以使用%f和%e来控制输入/输出float类型的数据,使用%lf和%le控制输入/输出double类型的数据。

1.4.2 printf()函数

视频

printf()函数(上)

〖做中学1-7〗 printf()函数的使用。

〖程序代码〗

```
#include <stdio.h>
void main(){
    char a = 'B';
```

```
    int b = 10;
    printf("The name is %c,the value is %d\n",a,b);
}
```

视频

printf()函数(下)

〖程序运行〗

```
The name is B,the value is 10
```

〖知识点〗

(1) printf()函数为格式输出函数，它是一个标准库函数，其函数原型在头文件“stdio.h”中。它可以向终端输出若干个任意类型的数据。其语法格式为：

printf(格式控制，输出列表)

例如：

```
printf("%d\n",i);
```

(2) 输出列表是需要输出的一组数据(可以为表达式和变量)，各参数之间用“,”分隔。

(3) 格式控制由输出格式说明和普通字符两种组成，必须用双引号括起来。

格式说明由“%”和格式字符组成，格式说明必须以“%”字符开头，如“%d”“%c”等，作用是将输出列表中的对应数据按指定的格式输出到屏幕。

普通字符是在输出时原样输出的字符，一般起提示作用。

对于不同类型的数据需要用不同的格式字符进行说明。要求格式说明和各输出项在数量和类型上要一一对应，否则将会出现意想不到的错误。常用格式字符有如下几种。

① d格式符。输出带符号十进制整数，常见用法见表1-4。

表1-4　d格式符常见用法

格式说明	含　　义
%d	按整型数据实际位数输出
%md	m：指定输出数据的宽度。m>数据实际位数时，数据共占用屏幕m位，右对齐输出，左边补空格；否则，按数据实际位数输出
%-md	指定整型数据输出宽度为m位，左对齐输出
%ld	输出长整型数据，VS中只能使用小写“l”
%mld	指定长整型数据输出宽度为m位，右对齐输出
%-mld	指定长整型数据输出宽度为m位，左对齐输出

〖做中学1-8〗　printf()函数按“%d”格式输出数据。

【程序代码】

```
#include <stdio.h>
void main(){
    int a;
    long b;
    a = 123;
    b = 655666635L;
    printf("   %cd  %d\n",'%',a);
    printf(" %c10d  %10d\n",'%',a);
    printf("  %cld  %ld\n",'%',b);
    printf("%c20ld  %20ld\n",'%',b);
}
```

【程序运行】

```
   %d  123
 %10d       123
  %ld  655666635
%20ld           655666635
```

② o 格式符。以八进制形式输出整数。

【做中学 1－9】　printf()函数按“%o”格式输出数据。

【程序代码】

```
#include <stdio.h>
void main(){
    int a;
    long b;
    a = -1;
    b = 655666635L;
    printf("   %co  %o\n",'%',a);
    printf(" %c15o  %15o\n",'%',a);
    printf("  %clo  %lo\n",'%',b);
    printf("%c20lo  %20lo\n",'%',b);
}
```

〖程序运行〖

```
   %o   37777777777
 %15o     37777777777
  %lo  4705126713
%20lo          4705126713
```

不会输出带负号的八进制整数。对于长整型数据，可用“%lo”输出，也可以指定长度，如“%15o”，则输出15位。

③ x格式符。以十六进制形式输出整数，用法同o格式符。

④ u格式符。用于输出unsigned型数据，以十进制形式输出。

⑤ c格式符。用来输出一个字符，可以指定宽度。

〖做中学1-10〗 printf()函数按“%c”格式输出数据。

〖程序代码〗

```
#include <stdio.h>
void main(){
    char x='a';
    int y=98;
    printf("x的值为%c,其ASCII为%d。\n",x,x);
    printf("y的值为%c,其ASCII为%d。\n",y,y);
}
```

〖程序运行〗

```
x的值为a,其ASCII为97。
y的值为b,其ASCII为98。
```

当一个整数的值在0～255之间时，可以用字符形式输出；同样可以以整数形式输出字符的ASCII码值。

⑥ s格式符。用来输出一个字符串，常见用法见表1-5。

表1-5 s格式符常见用法

格式说明	含　义
%s	输出字符串，不包括双引号
%ms	m>字符串实际长度，字符串占用屏幕m位，左边补空格；否则，按字符串实际长度输出
%-ms	m>字符串实际长度，字符串占用屏幕m位，右边补空格；否则，按字符串实际长度输出

续 表

格式说明	含　　义
%m.ns	指定字符串输出宽度 m 位，但只取字符串中左端 n 个字符，左边补空格；n>m，按字符串实际长度输出
%－m.ns	指定字符串输出宽度 m 位，但只取字符串中左端 n 个字符，右边补空格；n>m，按字符串实际长度输出

⑦ f 格式符。用小数形式来输出实数（包括单、双精度实数），常见用法见表 1－6。

表 1－6　f 格式符常见用法

格式说明	含　　义
%f	整数部分全部如数输出，并输出 6 位小数（单精度实数的有效位为 7 位，双精度实数有效位为 16 位）
%m.nf	数据占用屏幕 m 列，n 位小数，左边补空格
%－m.nf	数据占用屏幕 m 列，n 位小数，右边补空格

⑧ e 格式符。以指数形式输出实数，常见用法见表 1－7。

表 1－7　e 格式符常见用法

格式说明	含　　义
%e	系统自动指定 6 位小数，指数部分占 5 位，其中：e 占 1 位，符号占 1 位，数据占 3 位
%m.ne	指定输出数据占 m 位，n 位小数，如数值长度小于 m，则左端补空格
%－m.ne	指定输出数据占 m 位，n 位小数，如数值长度小于 m，则右端补空格

⑨ g 格式符。用于输出实数，根据数值的大小自动选择 f 格式或 e 格式中输出宽度较小的格式输出，不输出无意义的零，最多输出 6 位数字。

（1）若需要输出符号“%”，则在“格式控制”中用“%%”表示。

（2）x 格式符也可写成 X。若用小写字母 x，十六进制数以小写形式 a～f 输出；若用大写字母 X，十六进制数以大写形式 A～F 输出。

（3）e 格式符可以写成 E。指数表示法中的“e”将变成“E”。

（4）g 格式符可以写成 G，但仍为自动选择格式。

1.5 Visual Studio 2019 环境下的程序调试

调试方式有断点调试及单步调试两种。

1. 断点调试

(1) 添加断点

将光标移动到程序段中某行,用鼠标单击左边栏或按 F9 功能键,出现红色实心圆点,如图 1-4 所示。

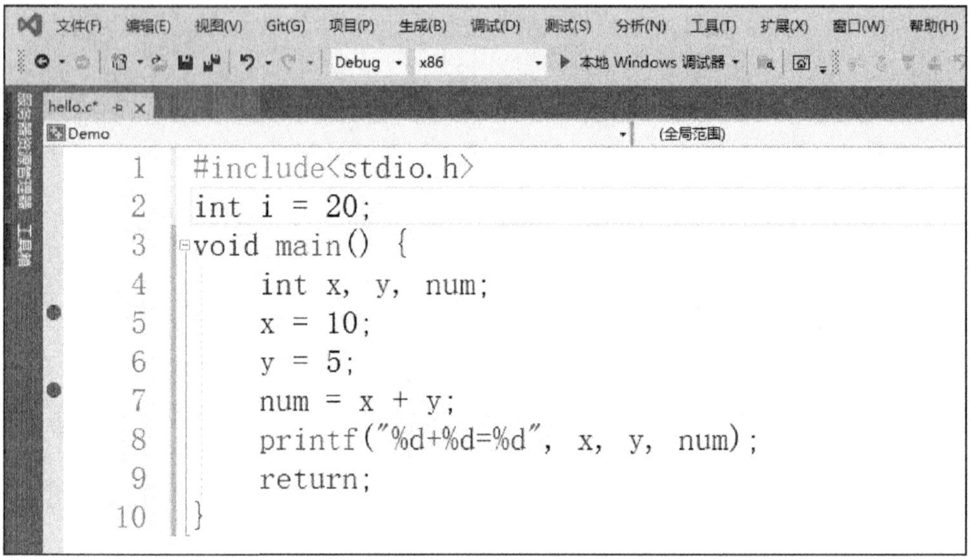

```
#include<stdio.h>
int i = 20;
void main() {
    int x, y, num;
    x = 10;
    y = 5;
    num = x + y;
    printf("%d+%d=%d", x, y, num);
    return;
}
```

图 1-4 添加断点

(2) 调试程序

单击“调试”菜单中的“开始调试”菜单项,或单击工具栏中的“本地 Windows 调试器”按钮,或按 F5 功能键,开始调试程序。当程序运行到断点时,运行停止,同时红色圆点中出现黄色箭头,如图 1-5 所示,此时全局变量 i 的值为 20。按 F5 功能键,或单击工具栏中的“继续”按钮,程序继续运行。

2. 单步调试

VS 2019 有两种单步调试手段:一种是按 F10 功能键进入单步调试,跟踪程序运行,跳过函数调用。另一种是按 F11 功能键进入单步调试,跟踪程序运行,深入函数内部。

第三次按下 F10 功能键,出现如图 1-6 所示界面,有一个黄色箭头指向当前要执行的语句,下方局部变量标签页中显示的是程序执行到该条语句时,所有局部变量的值。

1.6 Dev-C++环境下的程序调试

调试方式有断点调试及单步调试两种。

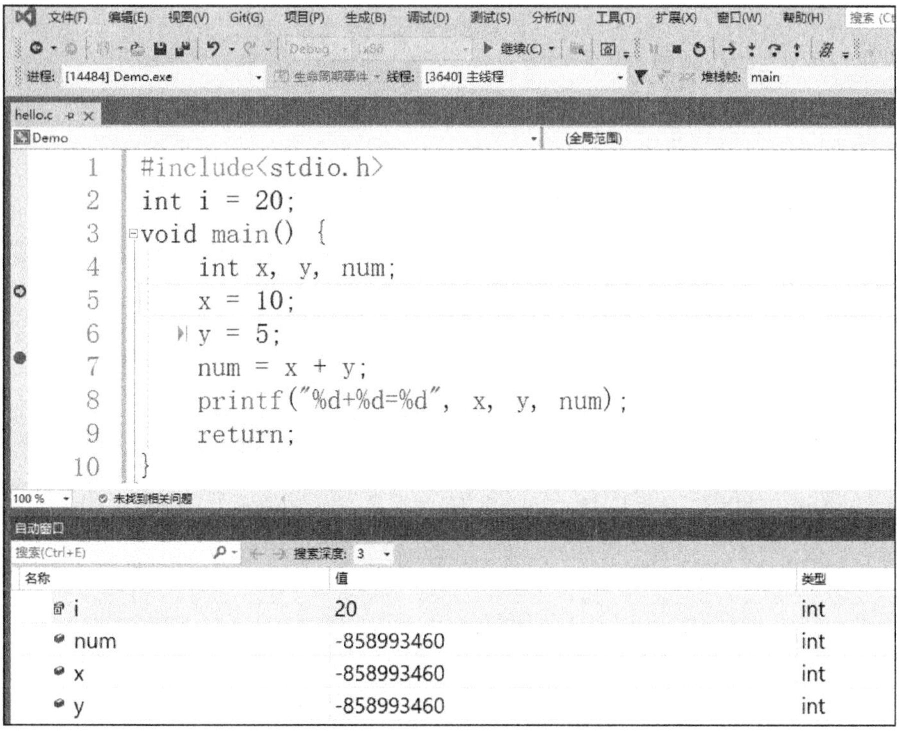

文件(F) 编辑(E) 视图(V) Git(G) 项目(P) 生成(B) 调试(D) 测试(S) 分析(N) 工具(T) 扩展(X) 窗口(W) 帮助(H)
继续(C)
进程: [14484] Demo.exe
线程: [3640] 主线程
堆栈帧: main
hello.c
Demo
(全局范围)
#include<stdio.h>
int i = 20;
void main() {
int x, y, num;
x = 10;
y = 5;
num = x + y;
printf("%d+%d=%d", x, y, num);
return;
}
100 %
未找到相关问题
自动窗口
搜索(Ctrl+E)
搜索深度: 3
名称
值
类型
i
20
int
num
-858993460
int
x
-858993460
int
y
-858993460
int
图 1-5 调试程序

文件(F) 编辑(E) 视图(V) Git(G) 项目(P) 生成(B) 调试(D) 测试(S) 分析(N) 工具(T) 扩展(X) 窗口(W) 帮助(H)
搜索 (Ctrl+Q)
继续(C)
进程: [324] Demo.exe
线程: [11916] 主线程
堆栈帧: main
hello.c
Demo
(全局范围)
#include<stdio.h>
int i = 20;
void main() {
int x, y, num;
x = 10;
y = 5;
num = x + y;
printf("%d+%d=%d", x, y, num);
return;
}
100 %
未找到相关问题
自动窗口
搜索(Ctrl+E)
搜索深度: 3
名称
值
类型
num
-858993460
int
x
10
int
y
-858993460
int
图 1-6 单步调试

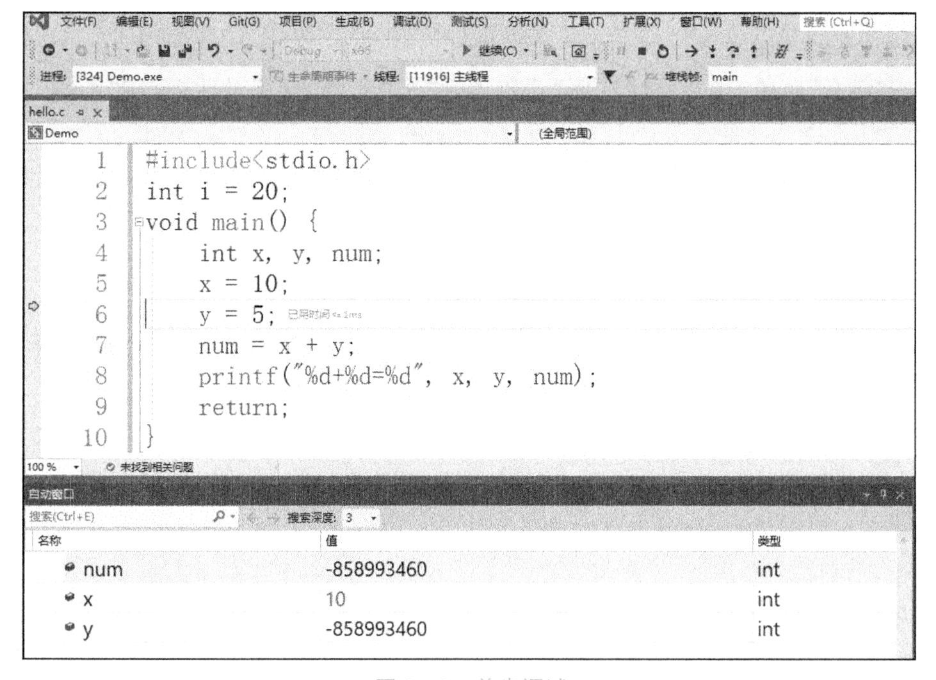

1. 打开调试工具

单击“工具”菜单中的“编译选项”菜单项，弹出“编译器选项”对话框。依次单击“代码生成/优化→连接器”标签页，修改“产生调试信息”项的值为“Yes”，如图 1－7 所示。

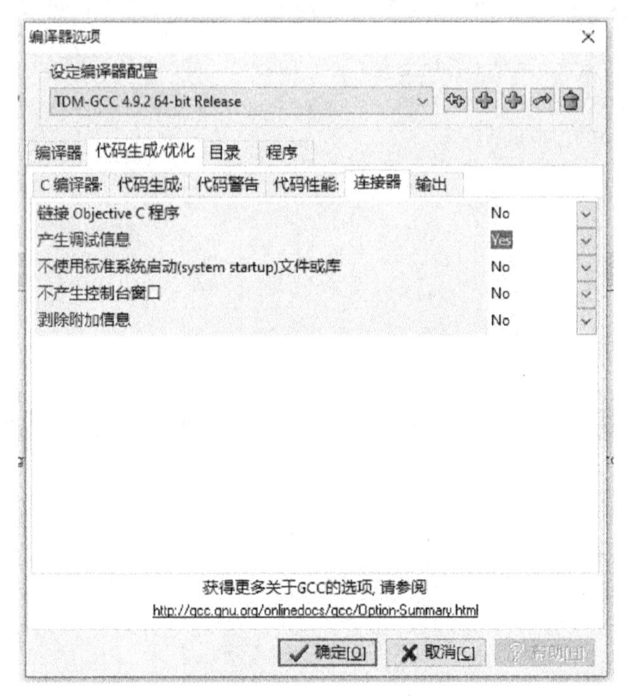

图 1－7 “编译器选项”对话框

2. 通过鼠标查看变量

单击“工具”菜单中的“环境选项”菜单项，弹出“环境选项”对话框，在“基本”标签页中，找到“浏览 Debug 变量”，选中“查看鼠标指向的变量”。

开始调试以后，当鼠标指向代码中想查看的变量时，在左侧标签页中就可以看见该变量的当前值。

3. 断点调试

(1) 设置断点

单击源程序中某行行号，就可以在该行设置一个断点，可以设置多个断点，也可以只设置一个断点。

(2) 调试程序

单击“运行”菜单中的“调试”菜单项，或单击工具栏中的“√”调试按钮，或按 F5 功能键开始调试。要调试程序，至少要设置一个断点。

4. 单步调试

有两种单步调试的方法：一种是单击窗口底部“调试”标签页中的“下一步”按钮，或按 F7 功能键，进入单步调试，跟踪程序运行，跳过函数调用。另一种是单击窗口底部“调试”标签页中的“单步进入”按钮，或按 F8 功能键进入单步调试，跟踪程序运行，深入函数内部。

按 F5 功能键开始调试程序，再连按两次 F7 功能键，出现如图 1－8 所示界面，有一个蓝色箭头指向当前要执行的语句，左侧“调试”标签页中显示的是程序执行到该条语句时，所有局部变量的值。

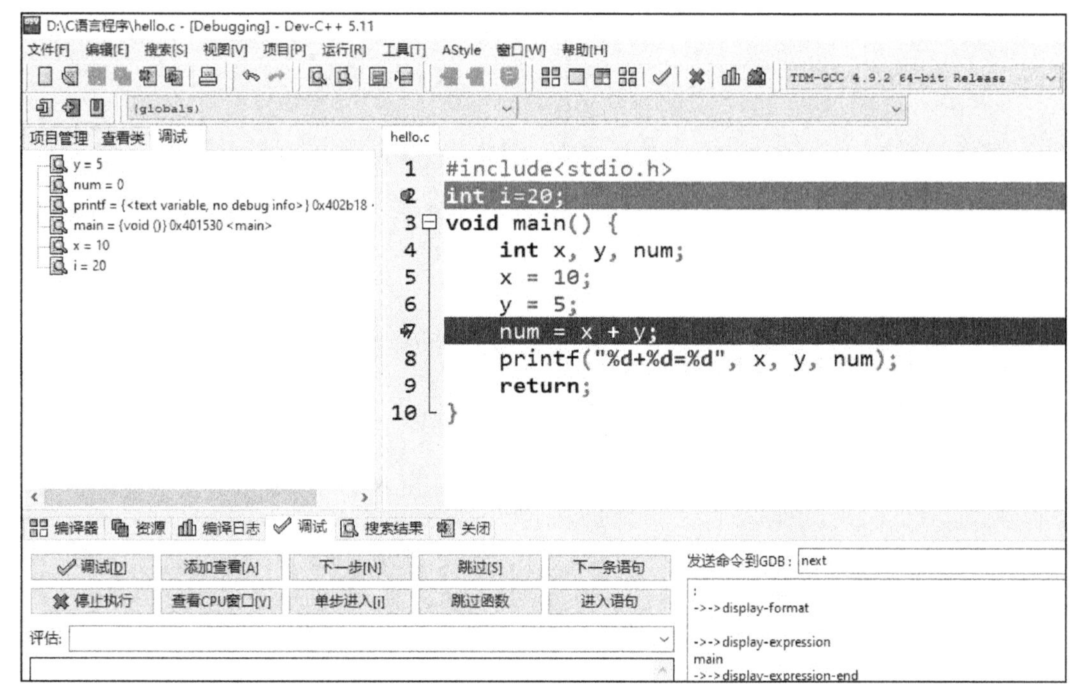

图 1－8　单步调试

〖练中学 1－1〗　getchar()、putchar()函数的应用。

〖程序代码〗

```
#include <stdio.h>
void main(){
    char ch;
    printf("请输入两个字符:");
    ch = getchar();
    putchar(ch);putchar('\n');
    putchar(getchar());
    putchar('\n');
}
```

〖程序运行〗

```
请输入两个字符：ab↙
a
b
```

〖练中学1-2〗 求一元二次方程的根。

〖算法设计〗 一元二次方程一般格式为：$ax^2+bx+c=0$。当 $b^2-4ac=0$ 时，方程有且只有一个根；当 $b^2-4ac>0$ 时，方程有两个实数根。

〖程序代码〗

```
#include <stdio.h>
#include "math.h"
void main(){
    float a,b,c,disc,x1,x2;
    printf("输入a、b、c的值,必须保证b²-4ac>0,用逗号分隔输入的数据:");
    scanf("%f,%f,%f",&a,&b,&c);
    disc=b*b-4*a*c;
    x1=(-b+(float)sqrt(disc))/(2*a);
    x2=(-b-(float)sqrt(disc))/(2*a);
    printf("x1=%6.2f\nx2=%6.2f",x1,x2);
}
```

〖程序运行〗

```
输入a、b、c的值,必须保证b²-4ac>0,用逗号分隔输入的数据:1,-5,6↙
x1=  3.00
x2=  2.00
```

〖练中学1-3〗 使用printf()函数按“%x”“%u”格式输出数据。

〖程序代码〗

```
#include <stdio.h>
void main(){
    unsigned int a;
    long b;
    a=63123;
    b=655666635L;
```

```
    printf("   %cu  %u\n",'%',a);
    printf(" %c10x  %10x\n",'%',a);
    printf("  %clx  %lx\n",'%',b);
    printf("%c20ld  %20ld\n",'%',b);
    b= -3;a= -3;
    printf("   %cu  %u\n",'%',a);
    printf(" %c10x  %10x\n",'%',a);
    printf("  %clx  %lx\n",'%',b);
    printf("%c20ld  %20ld\n",'%',b);
}
```

【程序运行】

```
   %u  63123
 %10x       f693
  %lx  2714adcb
%20ld            655666635
   %u  4294967293
 %10x  fffffffd
  %lx  fffffffd
%20ld                   -3
```

【练中学 1-4】 使用格式符*屏蔽中间的输入项。

【程序代码】

```
#include <stdio.h>
void main(){
    int a,b;
    printf("请输入三个整数,两个整数间用英文空格分开:");
    scanf("%d%*d%d",&a,&b);
    printf("a=%d,b=%d\n",a,b);
}
```

【程序运行】

```
请输入三个整数,两个整数间用英文空格分开:1 2 3↙
a=1,b=3
```

〖程序解析〗 “*”称为抑制字符。带*的输入项在读入后将被跳过，本例中输入项2被跳过。

〖练中学1-5〗 指定域宽，获取两个4位数。

〖程序代码〗

```
#include <stdio.h>
void main(){
    int a,b;
    printf("请连续输入八个以上的数字:");
    scanf("%4d%4d",&a,&b);
    printf("a=%d,b=%d\n",a,b);
}
```

〖程序运行〗

```
请连续输入八个以上的数字：123456789↙
a=1234,b=5678
```

〖程序解析〗 可以用十进制整数来指定输入的宽度(即字符数)。当输入“123456789”时，把前四位数字“1234”赋予了a，把接下来的四位数字“5678”赋予了b。

〖练中学1-6〗 使用%s格式符，获取字符串。

〖程序代码〗

```
#include <stdio.h>
void main(){
    char st[40];
    int a;
    printf("请连续输入三个数字三个字母一个空格后再输入若干字母:");
    scanf("%d%s",&a,st);
    printf("你输入的是:%d%s\n",a,st);
}
```

〖程序运行〗

```
请连续输入三个数字三个字母一个空格后再输入若干字母：123abc  gh↙
你输入的是：123abc
```

〖程序解析〗

(1) 输入多个数据时,碰到空格、Tab、回车或非法数据,即认为数据输入结束。所以本例中虽然输入了“123abc gh”,但是只将“123”赋值给了变量 a,字符串“abc”赋值给了数组 st。

(2) 由于数组名和指针变量名本身就是地址,因此使用 scanf()函数时,字符数组、指针变量名前不加“&”运算符。

〖练中学 1-7〗 分别输入一个八进制、一个十进制和一个十六进制数,将这三个数相加,以十进制的形式输出。

〖程序代码〗

```
#include <stdio.h>
void main(){
    int a,b,c,d;
    printf("请输入三个数(第一个八进制,第二个十进制,第三个十六进制)\n");
    scanf("%o,%d,%x",&a,&b,&c);    /*提示用户,并接收输入的三个数*/
    d=a+b+c;                       /*三个数相加,存入变量单元 d*/
    printf("0%o + %d + 0x%x = %d\n",a,b,c,d);
                                   /*以十进制的形式输出结果*/
}
```

〖程序运行〗

```
请输入三个数(第一个八进制,第二个十进制,第三个十六进制)
027,234,2af↙
027  +  234  +  0x2af  =944
```

拓展提升

Turbo C 环境下的程序调试

拓展提升

Visual C++ 6.0 环境下的程序调试

拓展提升

Visual C++ 6.0 的标准输入输出

模块一的内容结构如图 1-9 所示。

- 顺序程序设计
  - 结构化程序设计
    - 程序：数据结构 + 算法，用计算机语言编写的命令序列的集合
    - 程序设计
      - 定义：给出解决问题的过程
      - 过程：分析问题、设计算法、编写程序代码、测试程序、编写程序文档
    - 算法
      - 定义：为解决问题而采取的方法和步骤
      - 程序控制结构
        - 顺序结构：按照书写顺序执行的一组指令或程序段
        - 分支结构：根据条件选择其中一个分支执行的程序段
        - 循环结构：被反复执行的一组指令或程序段
      - 特征：有穷性、确切性、有输入、有输出、可行性
      - 算法描述：自然语言、伪代码、流程图、N－S 图
  - 语句
    - 控制语句：用于控制程序的执行顺序，共有 9 种控制语句
    - 表达式语句
      - 赋值语句：给变量赋值
      - 函数调用语句：执行某种操作
      - 空语句：只含有一个“;”的语句
      - 复合语句：用“{ }”括起来的多条语句
    - 输入/输出
      - getchar()：从键盘输入一个字符
      - putchar()：向屏幕输出一个字符
      - printf()：printf(格式控制，输出列表)；按给定格式输出
      - scanf()：scanf(格式控制，地址列表)；按给定格式输入

图 1－9　模块一的内容结构

1-1 选择题

1. 设 x、y 均为整型变量，且有“x=10，y=3”，则下列语句的输出结果是(　　)。

```
printf("%d, %d",x-- , --y);
```

A) 10,3　　B) 9,3　　C) 9,2　　D) 10,2

2. x、y、z 被定义为 int 型变量，若从键盘给 x、y、z 输入数据，正确的输入语句是(　　)。

A) INPUT x、y、z;　　B) scanf("%d%d%d",&x,&y,&z);

C) scanf("%d%d",x,y,z);　　D) read("%d%d",&x,&y,&z);

3. 下列程序执行后的输出结果是(　　)。

```
#include <stdio.h>
void main(){
    int a = 3;
    printf("%d\n",a + (a -= a * a));
}
```

A) −6　　B) 12　　C) 0　　D) −12

4. 下列程序执行后的输出结果是(　　)。

```
#include <stdio.h>
void main(){
    char c ='z';
    printf("%c",c - 25);
}
```

A) a　　B) Z　　C) z−25　　D) y

5. 若变量已说明为 float 类型，要通过语句 scanf("%f %f %f",&a,&b,&c);给 a 赋值 10.0，b 赋值 22.0，c 赋值 33.0，不正确的输入形式是(　　)。

A) 10↙22↙33↙　　B) 10.0,22.0,33.0↙

C) 10.0↙22.0 33.0↙　　D) 10 22↙33↙

6. 下列程序执行后的输出结果是(　　)。

```
#include <stdio.h>
void main(){
```

```
    int x,y;
    double d = 3.2;
    x = 1.2;
    y = (x + 3.8)/ 5.0;
    printf(" %d\n",d * y);
}
```

A) 3　　B) 3.2　　C) 0　　D) 3.07

7. 下列程序执行后的输出结果是(　　)。

```
#include <stdio.h>
void main(){
    int i;
    double d;
    float f;
    long l;
    i = f = l = d = 20/3;
    printf(" %d  %ld  %.1f  %.1f\n",i,l,f,d);
}
```

A) 6␣6␣6.0␣6.0　　B) 6␣6␣6.7␣6.7

C) 6␣6␣6.0␣6.7　　D) 6␣6␣6.7␣6.0

8. 下列程序执行(VS开发环境)后的输出结果是(　　)。

```
#include <stdio.h>
void main(){
    char x = 0xffff;
    printf(" %d \n",x--);
}
```

A) −32767　　B) FFFE　　C) −1　　D) 0

9. 执行下列程序时输入：123␣456␣789↙，输出结果是(　　)。

```
#include <stdio.h>
void main(){
    char s[100];
    int c,i;
```

```
    scanf("%c",&c);
    scanf("%d",&i);
    scanf("%s",&s);
    printf("%c,%d,%s\n",c,i,s);
}
```

A) 123,456,789　　　　B) 1,456,789

C) 1,23,456,789　　　　D) 1,23,456

10. 以下叙述中正确的是(　　)。

A) scanf()的地址列表可以是一个实型常量,例如:scanf("%f",3.5)

B) 只有格式控制,没有输入项,也可正确输入数据到变量,例如:scanf("a=%d,b=%d")

C) 当输入一个实型数据时,格式控制部分可以规定小数点后的位数,例如:scanf("%4.2f",&f)

D) 当输入数据时,必须指明变量地址,例如:scanf("%f",&f)

11. 执行下列程序并输入字符串"hello everyone"后,程序的输出结果为(　　)。

```
#include <stdio.h>
void main(){
    char str[10];
    scanf("%s",str);
    printf("%s\n",str);
}
```

A) hello everyone　　　　B) hello ever

C) hello every　　　　D) hello

12. 设有定义"double a;",则通过 scanf()函数可以正确地读入数据的语句为(　　)。

A) scanf ("%7.2e",&a);　　　　B) scanf ("%e",&a);

C) scanf ("%lf",&a);　　　　D) scanf ("%f",&a);

13. 函数 putchar()可以向终端输出一个(　　)。

A) 整型变量表达式的值　　　　B) 实型变量的值

C) 字符串　　　　D) 字符

14. 设 a=12,b=12345,执行语句"printf("%4d,%4d",a,b);"后的输出结果为(　　)。

A) 12,123　　B) 12,12345　　C) 12,1234　　D) 12,1235

15. 输入"12345abc"后,下列程序的输出结果为(　　)。

A) 123,abc　　B) 123 4　　C) 123,a　　D) 12345,a

```
#include <stdio.h>
void main(){
    int a;
    char ch;
    scanf("%3d%c",&a,&ch);
    printf("%d  %c",a,ch);
}
```

16. 用“scanf("%d,%d",&a,&b);”来输入数据，下面输入法正确的为(　　)。

A) 123,4　　B) 123 4　　C) 123;4　　D) 123:4

17. 假设输入为“2223a123012”，语句“scanf("%d%c%f",&a,&b,&c);”读取到变量 a、b、c 的值分别为(　　)。

A) 无值　　B) 2223,a,1230.12

C) 2223,a,无　　D) 2223,a,123012.000000

1－2　填空题

1. 下列程序执行后的输出结果是________。

```
#include <stdio.h>
void main(){
    int a=1,b=2;
    a=a+b;
    b=a-b;
    printf("%d,%d\n",a,b);
}
```

2. 下列程序的输出结果是 1600.00，请填空。

```
#include <stdio.h>
void main(){
    int a=9,b=2;
    float x=________,y=1.1f,z;
    z=a/2+b*x/y+1/2;
    printf("%5.2f\n",z);
}
```

文本

参考答案
（模块一）

模块二　分支程序设计训练

能力目标

（1）掌握关系表达式和逻辑表达式的运用方法；
（2）掌握利用 if-else 语句实现单分支和双分支选择结构的方法；
（3）掌握利用 switch-case 语句实现多分支选择结构的方法。

知识准备

【引例任务】 比较两个数的大小。
【程序代码】

```
#include <stdio.h>
void main(){
    float a,b;
    printf("请输入两个实数:\n");
    scanf("%f,%f",&a,&b);
    if (a>b)
        printf("第一个数较大。\n");
    else if (a==b)
        printf("两个数相等。\n");
    else
        printf("第二个数较大。\n");
}
```

【程序运行】

```
请输入两个实数:
```

```
4,8↙
第二个数较大。
```

〖引例解析〗 当“a>b”的值为1时，表示a大于b，输出“第一个数较大”；当“a==b”的值为1时，表示a等于b，输出“两个数相等”；当“a<b”的值为1时，表示a小于b，输出“第二个数较大”。程序中3条输出语句用if-else语句连接，根据关系表达式的值执行其中一条输出语句，是一个典型的分支结构。

C语言有两种实现分支结构的语句：if-else语句和switch-case语句。本模块的主要内容是学习利用if-else语句和switch-case语句实现分支结构。

2.1 if-else语句

在C语言中，if语句是常用的条件判断语句，用来判定是否满足指定的条件（条件式），并根据条件式的运算结果来执行给定的操作。C语言提供了三种形式的if语句，在使用时可根据具体问题的复杂程度来选择合适的形式。

视频

单分支结构的if语句

2.1.1 单分支结构的if语句

〖做中学2-1〗 两个数的升序排序。

〖算法设计〗 定义三个变量a、b、t，从键盘给a、b赋值。使用if语句判断a和b的大小，如果a>b，交换a、b的值，算法如图2-1所示。

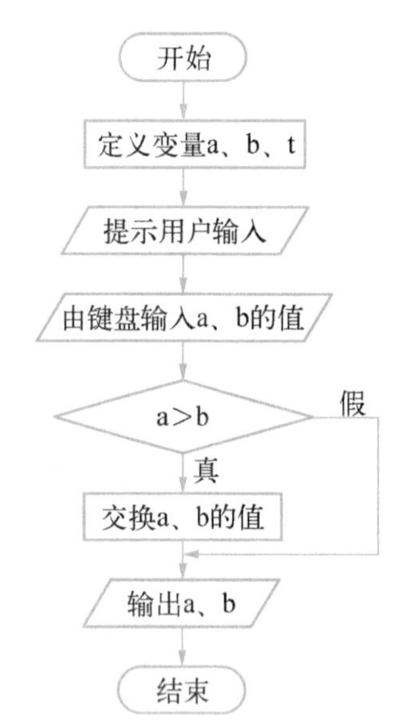

图2-1 两个数的升序排序

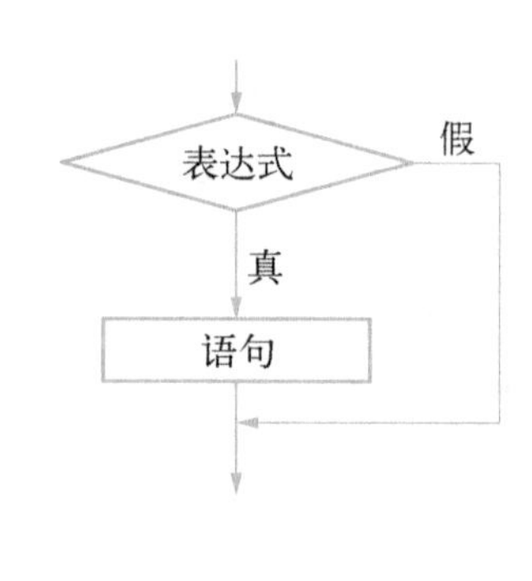

图2-2 if单分支结构

〖程序代码〗

```
#include <stdio.h>
```

```
void main(){
    float a,b,t;
    printf("请输入两个实数:");
    scanf("%f,%f",&a,&b);
    if (a>b) {              /* 判断 a>b 的值,如果为真,则执行下面的语句 */
        t=a;
        a=b;
        b=t;
    }
    printf("%5.2f %5.2f\n",a,b);
}
```

〖程序运行〗

```
请输入两个实数:4.4,2.3↙
 2.30  4.40
```

〖知识点〗

(1) 语法格式为:

if (条件表达式)
语句

(2) if 单分支结构如图 2-2 所示,首先对表达式求解,当结果为真(非 0)时,则执行指定的语句;否则跳过指定语句,接着执行该语句下面的语句。

(3) 语法特征为:一个条件表达式,一个可选执行分支。

2.1.2 双分支结构的 if-else 语句

〖做中学 2-2〗 求绝对值。

〖算法设计〗 定义两个变量 x、y,从键盘读入数据赋给 x。如果 x 小于 0,y 赋值为−x;否则,y 赋值为 x。算法如图2-3所示。

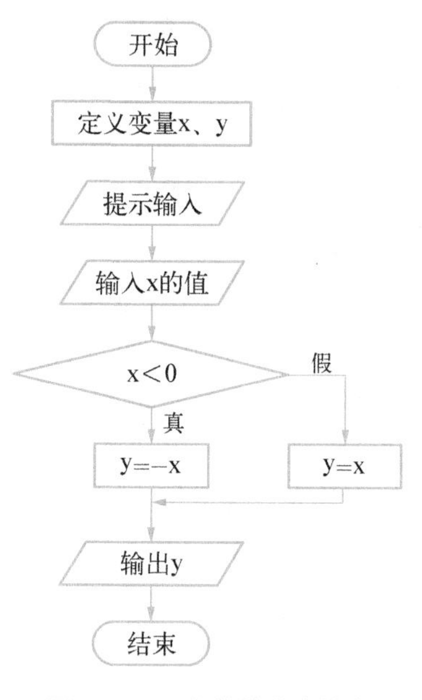

图 2-3 两个数的升序排序

视频

双分支结构的 if-else 语句

〖程序代码〗

```
#include <stdio.h>
void main(){
```

```
    int x,y;
    printf("请输入一个整数:");
    scanf("%d",&x);
    if (x<0)        /* 判断 x<0 是否成立 */
        y = -x;
    else            /* 若 x<0 的值为假 */
        y = x;
    printf("这个数的绝对值是:%d\n",y);
}
```

〖程序运行〗

```
请输入一个整数: -5↙
这个数的绝对值是:5
```

〖知识点〗

(1) 语法格式为:

if (条件表达式)
语句 1
else
语句 2

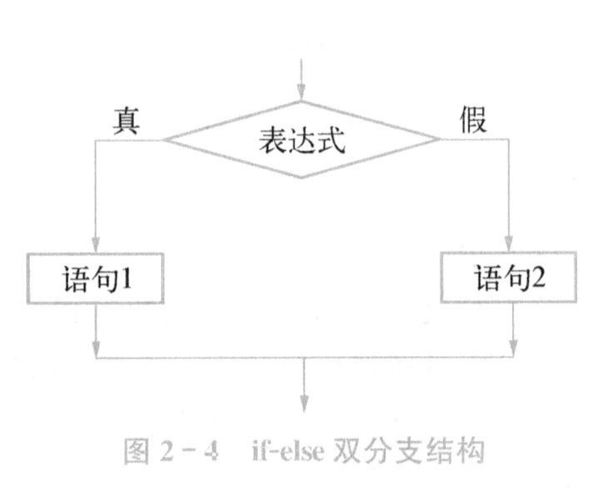

图 2-4 if-else 双分支结构

(2) if-else 双分支结构如图 2-4 所示。先对表达式求解,当结果为真(非 0)时,执行语句 1;当计算结果为假(0)时,执行语句 2。然后执行 if-else 程序段后面的语句。所以利用 if-else 语句可以实现双向分支选择。实际运用中,语句 1、语句 2 常为复合语句。

(3) 语法特征为:一个条件表达式,两个可选执行分支。

如果语句 1 和语句 2 给同一个变量赋值时,可以用条件运算符(?:)来代替 if-else 语句,能实现相同的功能。例如〖做中学 2-2〗中的 if-else 语句可以用下面语句实现:

```
y=(x<0)? (-x):x;
```

2.2 switch-case 语句

视频

switch-case 语句

使用 switch-case 语句可以实现多分支选择结构。

〖做中学 2-3〗 某运输公司对用户收取运费的规定如下（s 表示里程数，单位 km）：

$$
折扣=\begin{cases}0, & s<250 \\ 2\%, & 250\leqslant s<500 \\ 5\%, & 500\leqslant s<1\,000 \\ 8\%, & 1\,000\leqslant s<2\,000 \\ 10\%, & 2\,000\leqslant s<3\,000 \\ 15\%, & 3\,000\leqslant s\end{cases}
$$

设基本运费为每公里每吨 p 元，货物重为 w 吨，折扣为 $d\%$，总运费 f 的计算公式为：

$$f = pws(1 - d\%)$$

〖算法设计〗

公司对用户收取运费的运费折扣率表见表 2-1。

表 2-1 运费折扣率表

距离(s)	折扣率($d\%$)	距离(s)	折扣率($d\%$)
$s<250$	0	$1\,750\leqslant s<2\,000$	8%
$250\leqslant s<500$	2%	$2\,000\leqslant s<2\,250$	10%
$500\leqslant s<750$	5%	$2\,250\leqslant s<2\,500$	10%
$750\leqslant s<1\,000$	5%	$2\,500\leqslant s<2\,750$	10%
$1\,000\leqslant s<1\,250$	8%	$2\,750\leqslant s<3\,000$	10%
$1\,250\leqslant s<1\,500$	8%	$3\,000\leqslant s$	15%
$1\,500\leqslant s<1\,750$	8%		

通过分析上述数据可以看到，d 随着 s 的增加而增加，并且存在一定规律。s 的取值范围，要么递增 250，要么递增 500 或者 1 000，均是 250 的倍数。这样，对于表达式“s/250”，所求得的常量值，与不同的折扣率相对应。

可以用多分支选择结构处理这种有多项选择的情况。

〖程序代码〗

```
#include <stdio.h>
void main(){
```

```
    int c,s;
    float p,w,d,f;
    printf("请输入每公里运价(元/吨*公里),货物重量(吨),运输里程(公里):");
    scanf("%f,%f,%d",&p,&w,&s);
    if(s>=3000)
        c=12;
    else
        c=s/250;
    switch(c) {
        case 0:d=0;
            break;
        case 1:d=2;
            break;
        case 2:
        case 3:d=5;
            break;
        case 4:
        case 5:
        case 6:
        case 7:d=8;
            break;
        case 8:
        case 9:
        case 10:
        case 11:d=10;
            break;
        case 12:d=15;
            break;
        default:printf("输入里程有误! \n");
    }
    f=p*w*s*(1-d/100.0f);
    printf("应缴运费%15.4f\n",f);
}
```

〖程序运行〗

请输入每公里运价(元/吨*公里),货物重量(吨),运输里程(公里): 0.2,30,1200↙
应缴运费 6624.0000

〖知识点〗

(1) 语法格式为:

```
switch (表达式){
    case 常量 1:语句 1
    case 常量 2:语句 2
    …
    case 常量 n:语句 n
    [default:语句 n+1]
}
```

(2) switch-case 语句流程图如图2-5所示。

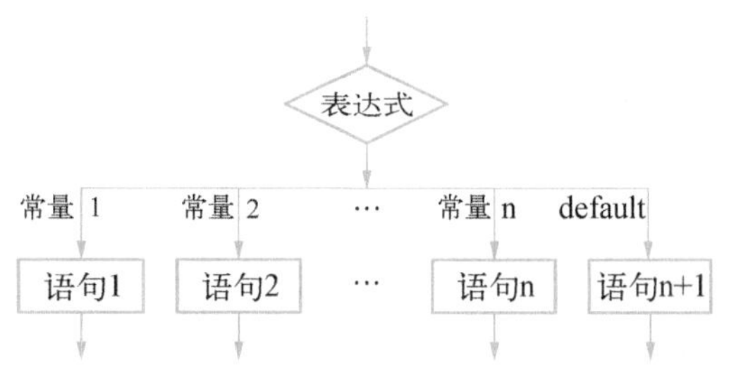

图 2-5 switch-case 语句流程图

① 表达式可以为任何整数类型(包括字符型,也包括无符号的整数类型)。

② case 后各个常量取不同的值,必须是常量表达式,表达式中不能包含变量。例如,不能写成"case b"。

③ 当表达式的值与某个 case 后的常量的值相等时,就执行此常量后面的语句,如果表达式的值没有和任何常量匹配上,就执行 default 后面的语句,如果省略了 default 语句,那么将不作任何处理,接着执行 switch-case 结构后面的语句。

④ 如果在相匹配的 case 语句块中没有 break 语句,那么程序将从此开始顺序执行,直到遇到某个 case 语句块中的 break 语句,才跳出 switch 结构;否则,一直执行到 switch-case 语句结束;因而多个 case 可以共用同一组执行语句,例如:

```
case 8:
case 9:
case 10:
case 11:d = 10;
    break;
```

⑤ default 出现的位置不影响程序执行结果。所以可先出现 default 子句,再出现各 case 子句。

(3) 语法特征为：一个表达式，n 个可执行分支。

2.3 多分支结构的 if-else 语句

对于双分支结构的 if-else 语句，若它的子句（语句 1 或语句 2）也是 if-else 语句，就出现了 if-else 语句的嵌套。多分支结构如图 2-6 所示。

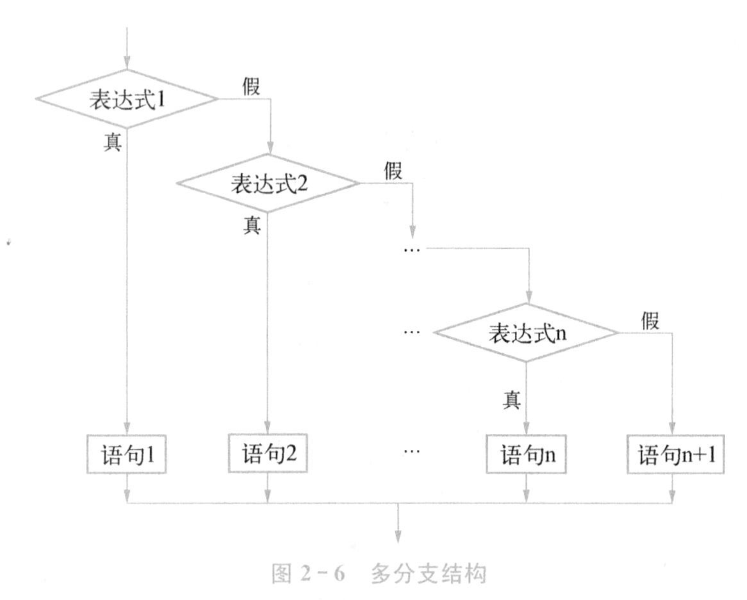

图 2-6 多分支结构

〖做中学 2-4〗 分段函数计算，编程实现多值函数 $y=\begin{cases} x, & 0<x\leqslant 10 \\ 2x, & 10<x<20 \\ 3x, & 20\leqslant x<100 \\ 0, & x\geqslant 100 \text{ 或 } x\leqslant 0 \end{cases}$ 的功能。

〖算法设计〗 根据自变量 x 的取值范围，选择不同的表达式计算出 y 的值，并输出。已知变量 x 有四个范围，可构成三个条件表达式，四个可选分支的结构，流程图如图 2-7 所示。

〖程序代码〗

```
#include <stdio.h>
void main(){
    int x,y;
    printf("请输入一个整数:");
    scanf("%d",&x);
    if(x>0&&x<=10){                    /*如果满足条件 0<x≤10 */
        y=x;
        printf("x∈(0,10],y=%d\n",y);
```

```
    }
    else if(x>10&&x<20) {                /* 如果满足条件 10<x<20 */
        y = 2 * x;
        printf("x∈(10,20),y = %d\n",y);
    }
    else if(x> = 20&&x<100) {            /* 如果满足条件 20≤x<100 */
        y = 3 * x;
        printf("x∈[20,100),y = %d\n",y);
    }
    else {
        y = 0;
        printf("x 的值太大或太小! y = %d\n",y);
    }
}
```

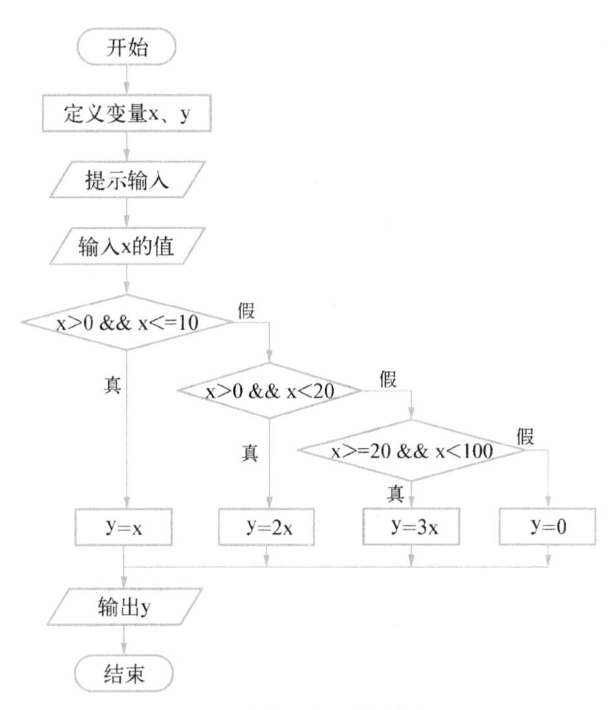

图 2-7 分段函数计算的流程图

〖程序运行一〗

```
请输入一个整数：5↙
x∈(0,10],y = 5
```

〖程序运行二〗

```
请输入一个整数：15↙
x∈(10,20),y=30
```

〖程序运行三〗

```
请输入一个整数：30↙
x∈[20,100),y=90
```

〖程序运行四〗

```
请输入一个整数：120↙
x的值太大或太小！ y=0
```

〖知识点〗

视频

选择结构的嵌套

(1) 语法格式为：

```
if (条件表达式 1)
    语句 1
else if(条件表达式 2)
    语句 2
else if(条件表达式 3)
    语句 3
        …
else if(条件表达式 n)
    语句 n
else
    语句 n+1
```

(2) 执行过程：执行时，程序首先求解条件表达式 1 的值，当计算结果为真时，执行语句 1；否则求解条件表达式 2 的值，当计算结果为真时，执行语句 2；否则再继续求解条件表达式 3，当计算结果为真时，执行语句 3；否则接着进行判断，以此类推，直到找到结果为真的条件表达式，并执行与之相关的语句。如果经过求解，所有的条件表达式都为假，那么就执行最后一个 else 后面的语句。

每一个 else 与其前面最接近的 if 配对使用。

【练中学 2-1】 实现英寸与厘米的换算。

【算法设计】 设置一个变量 flag,用于选择换算的方向,如图 2-8 所示。

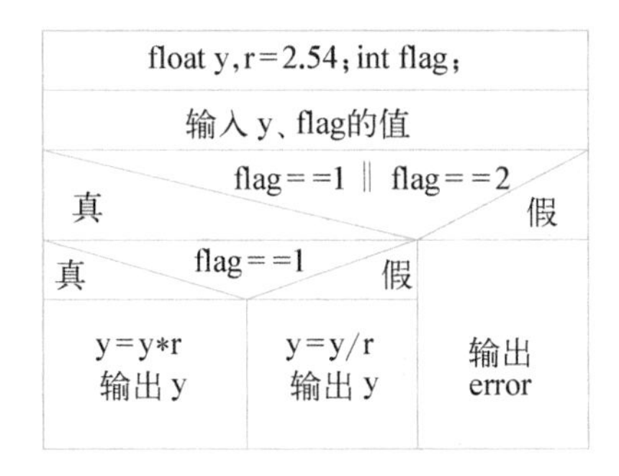

图 2-8 【练中学 2-1】的 N-S 图

【程序代码】

```
#include <stdio.h>
void main(){
    float y,r = 2.54;
    int flag;
    printf("输入数据、换算标志(1. 英寸→厘米,2. 厘米→英寸):");
    scanf("%f,%d",&y,&flag);
    if (flag == 2 || flag ==1){
        if (flag ==1)
            printf("%10.2f 英寸 = %10.2f 厘米",y,y*r);
        else
            printf("%10.2f 厘米 = %10.2f 英寸",y,y/r);
    }
    else
        printf("输入数据有误! \n");
}
```

【程序运行一】

```
输入数据、换算标志(1. 英寸→厘米,2. 厘米→英寸):2,1↙
      2.00 英寸 =       5.08 厘米
```

〖程序运行二〗

```
输入数据、换算标志(1. 英寸→厘米,2. 厘米→英寸):4,2↙
      4.00 厘米 =       1.57 英寸
```

〖练中学 2-2〗 求方程 $ax^2+bx+c=0$ 的解。

〖算法设计〗 求一个方程的解,必须考虑如下几种可能:

(1) $a=0$、$b=0$,不是方程式;

(2) $a=0$、$b\neq0$,是一次方程;

(3) $a\neq0$、$b^2-4ac=0$,有两个相等的实数根;

(4) $a\neq0$、$b^2-4ac>0$,有两个不相等的实数根;

(5) $a\neq0$、$b^2-4ac<0$,没有实数根。

根据这 5 种情况分别求解,算法如图 2-9 所示。

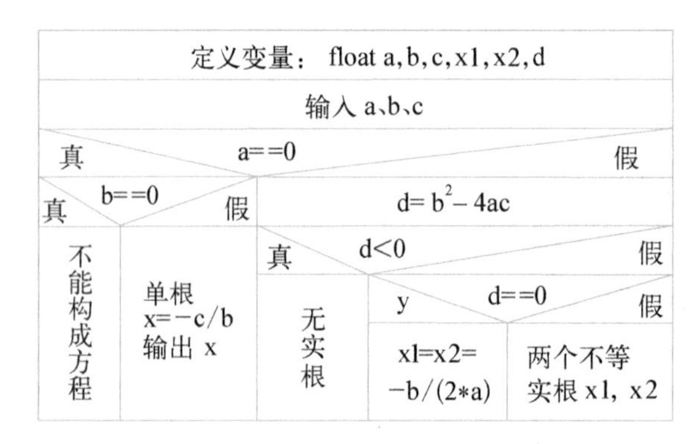

图 2-9 〖练中学 2-2〗的 N-S 图

〖程序代码〗

```
#include <stdio.h>
#include <math.h>
void main(){
    float a,b,c,x1,x2,d;
    printf("请输入一元二次方程的三个系数(a,b,c):");
    scanf("%f,%f,%f",&a,&b,&c);
    if (a==0){
        if (b==0)
            printf("不是方程。\n");
        else
            printf("是一次方程,只有一个根:x=%10.2f\n",-c/b);
```

```
    }
    else{
        d = b * b - 4 * a * c;
        if (d<0)
            printf("方程没有实数根。\n");
        else if (d>0){
            x1 = (-b + (float)sqrt(d))/(2 * a);
            x2 = (-b - (float)sqrt(d))/(2 * a);
            printf("方程有两个不等根:\n x1 = %10.2f,x2 = %10.2f\n",x1,x2);
        }
        else
            printf("方程有两个相等根:\n x1 = x2 = %10.2f \n", -b/(2 * a));
    }
}
```

【程序运行一】

```
请输入一元二次方程的三个系数(a,b,c):1,2,1↙
方程有两个相等根:
x1 = x2 =      -1.00
```

【程序运行二】

```
请输入一元二次方程的三个系数(a,b,c):3,-8,4↙
方程有两个不等根:
x1 =       2.00,x2 =       0.67
```

【练中学 2-3】 输入年份,判断是否为闰年。

【算法设计】 能被 4 整除且不能被 100 整除,或能被 400 整除的年份为闰年。

【程序代码】

```
#include <stdio.h>
void main(){
    int year,leap = 0;
    printf("程序用于判断闰年。请输入年份:");
    scanf("%d",&year);
```

```
    if (year % 4 == 0){
        if (year % 100 != 0)  leap = 1;
        if (year % 400 == 0)  leap = 1;
    }
    if (leap)
        printf("%d年是闰年。\n",year);
    else
        printf("%d年不是闰年。\n",year);
}
```

〖程序运行〗

```
程序用于判断闰年。请输入年份：2004↙
2004年是闰年。
```

〖练中学2-4〗 三个数按升序排序。

〖程序代码〗

```
#include <stdio.h>
void main(){
    int a1,a2,a3,temp;
    printf("请输入三个整数：");
    scanf("%d,%d,%d",&a1,&a2,&a3);
    if (a1>a2) {temp = a1;a1 = a2;a2 = temp;}
    if (a2>a3) {temp = a2;a2 = a3;a3 = temp;}
    if (a1>a2) {temp = a1;a1 = a2;a2 = temp;}
    printf("三个数排序后：%d,%d,%d\n",a1,a2,a3);
}
```

〖程序运行〗

```
请输入三个整数：6,5,7↙
三个数排序后：5,6,7
```

〖练中学2-5〗 根据利润计算工资。工资由基本工资(500元)和提成组成，利润小于等于100元时，提成为利润的10%；利润大于100元、小于等于400元时，提成为利润的15%；利润大于400、小于等于900时，提成为利润的20%；其他情况，提成为利润的25%。

【程序代码】

```
#include <stdio.h>
void main(){
    int profit;
    int grade;                      /* 利润级别 */
    double salary = 500;            /* 基本工资 */
    printf("输入利润:");
    scanf("%ld", &profit);
    grade = profit / 100;
    switch(grade){
        case 0: break;
        case 1: salary += profit * 0.1; break;        /* 提成算式 */
        case 2: case 3:
        case 4: salary += profit * 0.15; break;
        case 5:
        case 6: case 7: case 8:
        case 9: salary += profit * 0.2; break;
        default: salary += profit * 0.25;
    }
    printf("salary = %.2f\n", salary);
}
```

【程序运行】

```
输入利润: 34567↙
salary = 9141.75
```

拓展提升

switch-case
语句的巧用

模块二的内容结构如图 2-10 所示。

- 分支程序设计
  - 单分支结构
    - 语法：if (条件表达式) 语句
    - 执行过程：当条件表达式成立时，则执行语句
    - 特征：一个条件表达式，一个可选执行分支
  - 双分支结构
    - 语法：if (条件表达式) 语句 1
else 语句 2
    - 执行过程：当条件表达式成立时，则执行语句 1，否则执行语句 2
    - 特征：一个条件表达式，两个可选执行分支
    - 说明：
      1. 语句可为复合语句
      2. 若语句 1、语句 2 为同一变量赋值，可用条件表达式语句代替
  - 多分支结构
    - 语法：

      ```
      switch (表达式){ case 常量 1:语句 1
                       case 常量 2:语句 2
                            …
                       case 常量 n:语句 n
                       [default:语句 n + 1]}
      ```

    - 执行过程：当表达式的值等于常量 i 时，就执行 case 常量 i 后面的语句，否则执行 default 后面的语句，如果省略了 default 语句，那么将不作任何处理，接着执行 switch-case 结构后面的语句
    - 特征：一个表达式的值，对应多个可选执行分支
    - 说明：
      1. 条件表达式可以为任何整数类型
      2. 各个常量取不同的值
      3. break 语句跳出 switch 结构
      4. 多个 case 可以共用同一组执行语句
      5. case 后面必须是常量表达式
      6. default 出现的位置不影响程序执行结果
  - 选择结构多重嵌套
    - 语法：对于双分支结构的 if 语句，若它的子句(语句 1 或语句 2) 也是 if 语句，就出现了 if 语句的嵌套
    - 执行过程：当条件表达式 1 的值成立时，执行语句 1；否则当条件表达式 2 的值成立时，执行语句 2；如果经过求解，所有的条件表达式都不成立，就执行最后一个 else 后面的语句
    - 说明：每一个 else 是和其前面最接近的 if 配对使用

图 2-10　模块二的内容结构

2-1 选择题

1. 能正确判断 a 和 b 同时为正或同时为负的逻辑表达式是(　　)。

A) (a>=0||b>=0) && (a<0||b<0)

B) (a>=0 && b>=0)||(a<0 && b<0)

C) (a+b>0) && (a+b<=0)

D) a * b>0

2. 在执行以下程序时，为了使输出结果为"t=4"，则输入给 a 和 b 的值应满足的条件是(　　)。

```
#include <stdio.h>
void main(){
    int s,t,a,b;
    scanf("%d,%d",&a,&b);
    s=1;t=1;
    if(a>0) s=s+1;
    if(a>b) t=s+t;
    else if(a==b)
        t=5;
    else
        t=2*s;
    printf("t=%d\n",t);
}
```

A) a>b

B) a<b<0

C) 0<a<b

D) 0>a>b

3. 若 a、b、c1、c2、x、y 均是整型变量，正确的 switch-case 语句是(　　)。

A)
```
switch(a+b);
{case 2:y=a+b;break;
case 1:y=a-b;break;
}
```

B)
```
switch(a*a+b*b);
{case 3:
case 1:y=a+b;break;
}
```

C)
```
switch(a) {
    case c1:y = a - b;break;
    case c2:y = a * b; break;
    default:x = a + b;
}
```
D)
```
switch(a - b) {
    default:y = a * b;break;
    case 3: case 4:y = a + b;break;
    case 10: case 11:y = a - b;break;
}
```

4. 与"y=(x>0? 1:x<0? -1:0);"的功能相同的 if 语句是(　　)。

A)
```
if (x>0) y = 1;
else if(x<0) y =  - 1;
else y = 0;
```
B)
```
if (x)
if (x>0) y = 1;
else if (x<0) y =  - 1;
else y = 0;
```
C)
```
y = - 1;
if (x)
if (x>0) y = 1;
else if (x == 0) y = 0;
else y =  - 1;
```
D)
```
y = 0;
if (x> = 0)
if (x>0) y =  1;
else y =  - 1;
```

5. 设 x、y、t 均为 int 型变量,则执行语句"x=y=3;t=++x||++y;"后,y 的值为(　　)。

A) 不定值　　B) 4　　C) 3　　D) 1

6. 设有定义"int a=1,b=2,c=3,d=4,m=2,n=2;",则执行表达式"(m=a>b) && (n=c>d)"后,n 的值为(　　)。

A) 1　　B) 2　　C) 3　　D) 0

7. 下列程序执行后的输出结果是(　　)。

```
#include <stdio.h>
void main(){
    int x = 1,a = 0,b = 0;
    switch(x){
        case 0: b++ ;
        case 1: a++ ;
        case 2: b++ ;a++ ;
    }
    printf("a = %d,b = %d\n",a,b);
}
```

A) a=2,b=1　　B) a=1,b=1　　C) a=1,b=0　　D) a=2,b=2

2-2 填空题

1. 以下程序执行后的输出结果是________。

```
#include <stdio.h>
void main() {
    int m = 5;
    if(m++ >5) printf("%d\n",m);
    else printf("%d\n",m--);
}
```

2. 当a等于1、b等于3、c等于5、d等于5时,执行下面一段程序后,x的值为________。

```
if (a<b)
    if (c<d) x = 1;
    else if (a<c)
            if (b<d) x = 2;
            else x = 3;
         else x = 6;
else x = 7;
```

3. 若x为int类型,请以最简单的形式写出与逻辑表达式"!x"等价的程序语句为________。

4. 下列程序执行后的输出结果是________。

```
#include <stdio.h>
void main(){
    int a = 2,b = -1,c = 2;
    if(a) if(b<0) c = 0;
          else c++;
    printf("%d\n",c);
}
```

2-3 实训题

1. 从键盘输入一个字符,指出它是字母、数字、空格还是其他字符。
   解题指导:判断字母时,应同时考虑大写字母A~Z和小写字母a~z。

2. 从键盘输入一个用24小时制表示的时间,把它转换为用12小时制表示的时间并输出。例如输入"1530"(15点30分),则输出"3:30PM"。

解题指导：首先通过整除求余数分离出小时和分钟；再根据小时的值转化成12小时制，并区分出上午和下午。

3. 读入一个月份，打印出该月有多少天（不考虑闰年）。用switch语句编程。

解题指导：1月份、3月份、5月份、7月份、8月份、10月份、12月份各月都是31天；4月份、6月份、9月份、11月份各月都是30天；平年2月份28天。

4. 由键盘输入三个整数赋给a、b、c，要求按从大到小的顺序输出。

解题指导：① 假定a中放最大数，b中放中间数，c中放最小数。通过比较进行调整，当不满足假设条件时，进行两数交换，这是较常用的一种算法。

② 三个数，可以有六种组合。按照三个变量的这六种不同的组合次序控制输出，这是另一种算法。

5. 输入一个整数，判断它能否被3或7整除，若能整除，输出“YES”，否则输出“NO”。

解题指导：最常用的方法是利用求余运算。

6. 输入一个人的生日（年：y1，月：m1，日：d1），并输入当前日期（年：y2，月：m2，日：d2）。求出该学生的实际年龄。编程时要注意处理不合法输入。

解题指导：首先应限定年、月、日输入的合法性（如：当前日期不应在出生日期之前，月份不应超过12等），再计算实际年龄。不能只考虑年份，还应考虑是否已过生日。

7. 输入a、b、c三条边，判断它们能否构成三角形。若能，则指出是何种三角形：等边、等腰、直角、一般。

解题指导：① 构成三角形的条件是：任意两边之和大于第三边。

② 先判断是否是等边三角形，如果不是等边三角形再判断是否是等腰三角形。

③ 利用勾股定理可以判别是否为直角三角形。

④ 不是等边、等腰、直角三角形则是一般三角形。

文本

参考答案
（模块二）

模块三　循环程序设计训练

能力目标

(1) 掌握循环结构的构成及特点；
(2) 掌握循环控制变量的运用；
(3) 熟练掌握三种基本循环控制语句的使用方法；
(4) 熟练掌握一重循环的构建方法，学会构建二重循环；
(5) 了解 goto 语句构成的循环。

知识准备

【引例任务】 计算 1+2+…+100。

【算法设计】 把每一个加数看成要投入的硬币数，第 1 次投了 1 枚硬币，第 2 次投了 2 枚硬币，……，第 100 次投了 100 枚硬币。定义一个变量 s 用来存放累加和，相当于存放硬币的容器，变量 i 代表加数(也可以看成累加次数)，相当于投放的硬币数，如图 3-1 所示。

视频

求累加和

图 3-1　算法设计示意图

```
s = s + i;    /* 投入 i 枚硬币到 s 中 */
i = i + 1;    /* 计算下次投币数 */
```

〖程序代码〗

```
#include <stdio.h>
void main(){
    int s = 0;          /* s 用来存放累加和,初始值为 0 */
    int i = 1;          /* i 用来存放累加次数,初值为 1 表示第一次相加 */
    while(i< = 100){
        s = s + i;      /* 把数 i 累加到 s 中 */
        i++ ;           /* 累加次数增 1,i 也是累加数 */
    }
    printf("s = %d\n",s);
}
```

〖程序运行〗

```
s = 5050
```

〖引例解析〗 程序实现了 1 到 100 的累加并输出,其中"s=s+i;"语句被反复执行,反复执行次数由变量 i 决定,共 100 次。

〖知识点〗 从引例可以看到,循环就是重复执行某些操作。由循环控制变量控制循环的次数,引例中的 i 为循环控制变量。

循环体结构由四个部分组成,包括初始化部分、判断部分、循环体部分和迭代部分。

(1) 初始化部分:对循环控制变量的初始化,只做一次。引例中的"int i=1;"就是初始化部分,初值为 1 表示做第一次循环。

(2) 判断部分:判断循环控制变量的值是否满足条件,比如本例中是否超过边界值,若没有超过就执行循环体,否则退出循环。引例中的"while(i<=100)"就是判断部分,若 i 的值小于等于 100,执行循环体。

(3) 循环体部分:被反复执行的部分。引例中的"s=s+i;"就是循环体,被反复执行了 100 次。

(4) 迭代部分:用来修改循环控制变量的值。引例中的"i++;"就是迭代部分,每执行一次,循环控制变量 i 的值就更加接近边界值(100)。

迭代部分对循环控制变量的每一次修改必须是使其值要接近边界值,否则出现死循环。

C 语言中用于控制循环结构的语句主要有三种,分别是:while 语句、do-while 语句和 for 语句。利用 goto 语句也可以实现循环结构。

本模块的主要内容是学习循环结构的组成、循环类型，三种循环控制语句及其执行过程。

3.1 while 语句

视频

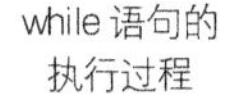

用 while 语句实现的循环，其结构是当型循环结构，即先判断后执行循环体的循环结构，流程图如图 3-2 所示。

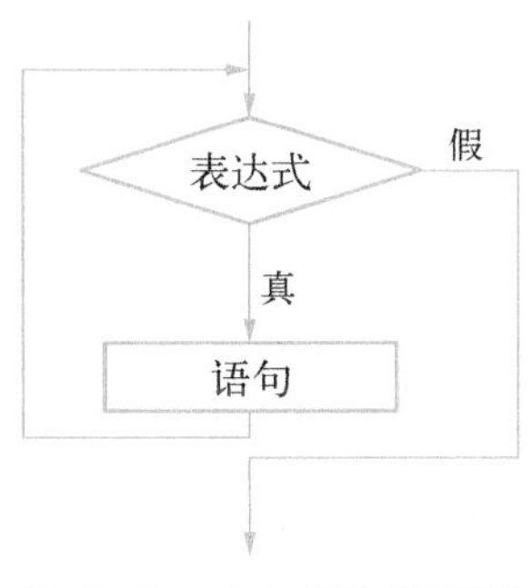

图 3-2 while 语句流程图

〖做中学 3-1〗 从键盘输入 n(n≥0)的值，计算并输出“n!”的值。

〖算法设计〗 这是一个涉及连乘的算法。程序中需要定义一个变量 f 用来存放连乘积，连乘积变量的初值通常被置成 1，还需要定义一个变量 i 用来提供 n 个乘数。需要做的就是将这 n 个乘数依次与连乘积 f 相乘，结果再存放在连乘积中。

循环控制变量为 i；

初始化部分：i=1；

判断部分：i<=n；

循环体部分：f=f*i；

迭代部分：i++；

流程图如图 3-3 所示。

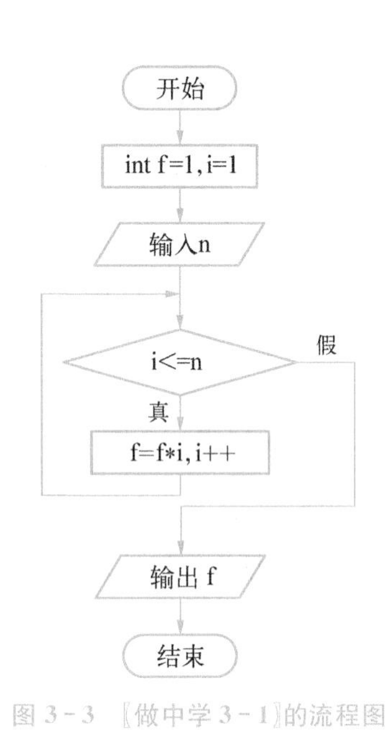

图 3-3 〖做中学 3-1〗的流程图

〖程序代码〗

```
#include <stdio.h>
void main(){
    int i = 1,n;            /* 初始化部分 */
    double f = 1.0;
    printf("请输入一个整数:\n");
    scanf("%d",&n);
    while(i< = n) {         /* 判断部分 */
        f = f * i;          /* 循环体部分 */
```

```
        i++;/*迭代部分*/
    }
    printf("%d! = %le",n,f);
}
```

〖程序运行〗

请输入一个整数：
30↙
30! = 2.652529e+032

〖知识点〗

(1) while语句的语法格式为：

while(条件表达式)
语句

其中，语句表示while循环结构中不断被重复执行的语句行，称为循环体。若循环体内有多条语句，则用花括弧引起来。

(2) while循环结构的功能：只要循环条件表达式成立（条件表达式为真），则执行循环体，直到条件表达式不成立（条件表达式为假）时结束循环。循环体可以为空语句、简单语句或复合语句。

1. while语句中的条件表达式一般是关系表达式或逻辑表达式，只要条件表达式的值为真（非0）就继续循环，执行循环体中的语句。

2. 循环体中应该有使循环趋于结束的语句，否则会出现死循环。

3. while语句的循环体允许嵌套while结构，也可以允许多层循环嵌套。

4. while语句中，判断部分若一开始条件就不成立，循环体一次都不执行。

3.2 do-while语句

视频

do-while语句的执行过程

用do-while语句实现的循环，其结构是直到型循环结构。它的特点是先执行循环体，再判断循环条件是否成立，流程图如图3-4所示。

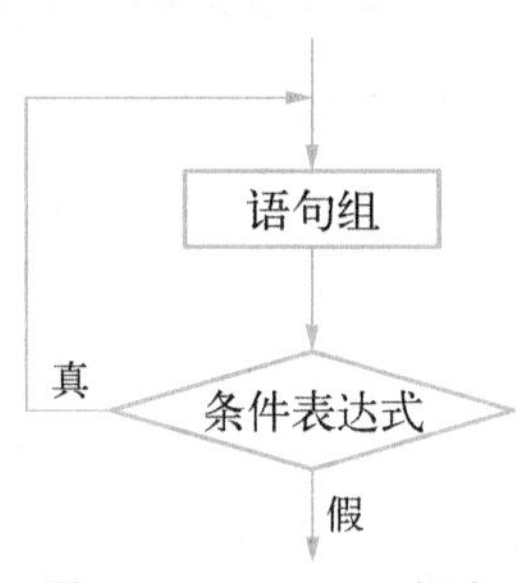

图3-4 do-while语句流程图

〖做中学3-2〗 用do-while语句完成〖引例任务〗。

〖算法设计〗 在引例中已经分析过，这是一个求累加和的题目。程序中需要定义一个变量 total 用来存放累加和，累加和变量的初值通常被置成0，还需要定义一个变量 n 用来提供加数。需要做的就是将这100个加数循环加入累加和中。

循环控制变量为 n；

初始化部分：n＝1；

判断部分：n＜＝100；

循环体部分：total＝total＋n；

迭代部分：n＋＋；

N－S 图如图 3－5 所示。

int n=1, total=0
total= total+n n=n+1
直到n>100
输出total

图 3－5 【做中学 3－2】的 N－S 图

【程序代码】

```
#include <stdio.h>
void main(){
    int n = 1,total = 0;
    do {
        total = total + n;
        n++ ;
    } while(n< = 100);
    printf("total = %d",total);
}
```

【程序运行】

```
total = 5050
```

【程序解析】 当 n 的初值为 102 时，while 后面的条件表达式一开始就为假，do-while 循环的循环体就仅被执行一次。

【知识点】

(1) do-while 语句的语法格式为：

do{

语句

}while(条件表达式)；

(2) 执行过程：先执行循环体语句一次，再判断条件表达式的值，若为真(非 0)，则继续循环，否则终止循环。

一般情况下，用 while 和 do-while 语句解决同一问题时，若两者的循环体部分是一样的，它们的结果也一样。但当 while 后面的条件表达式一开始就为假时，它们的

结果就不一样。因为 while 循环的循环体不被执行，而 do-while 循环的循环体会被执行一次。

3.3 for 语句

视频

for 语句的执行过程

在 C 语言程序设计中，for 循环结构使用最为灵活，不仅适用于循环次数已知的情况，也适用于循环次数不能确定、只能给出循环结束条件的情况，它完全可以替代 while 语句，for 语句流程图如图 3－6 所示。

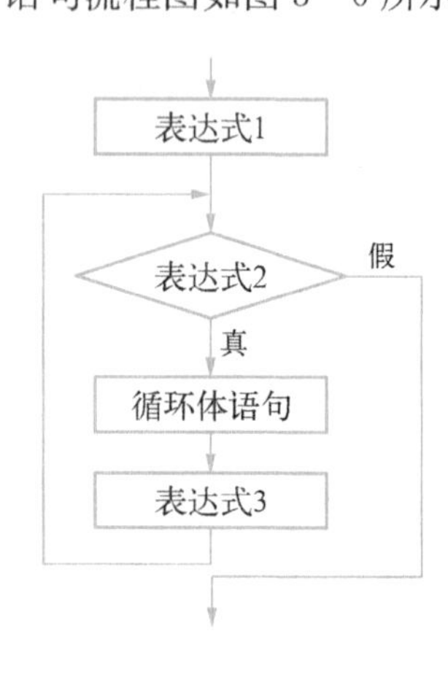

图 3－6　for 语句流程图

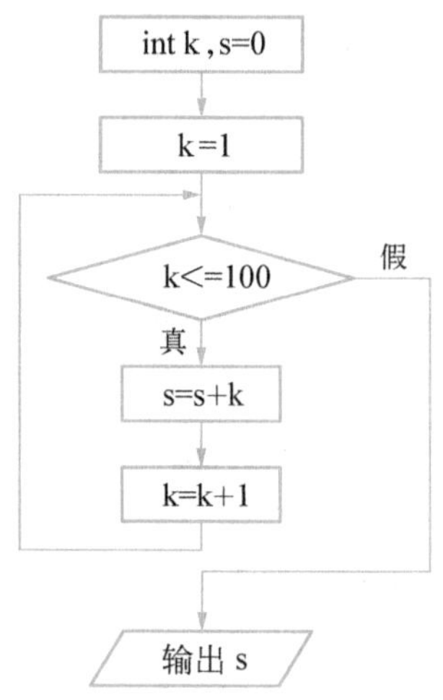

图 3－7　〖做中学 3－3〗的流程图

视频

求 1～100 的累加和

〖做中学 3－3〗　用 for 语句实现求 1～100 的累加和。

〖算法设计〗　循环控制变量为 k，s 用来存放累加和。

初始化部分：k＝1；

判断部分：k＜＝100；

循环体部分：s＝s＋k；

迭代部分：k＋＋；

流程图如图 3－7 所示。

〖程序代码〗

```
#include <stdio.h>
void main(){
    int k, s = 0;
    for(k = 1;k< = 100;k + + )
        s += k;
    printf("sum = %d\n",s);
}
```

〖程序解析〗 程序中先给 k 赋初值 1，判断“k<＝100”是否成立，若成立，则执行循环体语句“s+＝k;”，再执行“k++”，接着判断循环条件。直到条件不成立，即 k 大于 100 时，结束循环。

〖知识点〗

(1) for 语句的语法格式为：

for(表达式 1;表达式 2;表达式 3)
　　语句

(2) 执行过程：

① 求解表达式 1，初始化循环控制变量，只求一次。

② 求解表达式 2，判断表达式 2 的值是否成立。若表达式 2 的值为真，执行循环体语句。若表达式 2 的值为假，结束循环，执行 for 语句后面的语句。

③ 求解表达式 3，修改循环控制变量的值。

④ 返回第②步继续执行。即在表达式 2 成立的情况下，反复执行循环体，求解表达式 3，直到表达式 2 不成立，结束循环，接着执行 for 语句后面的语句。for 循环的执行过程如图 3-6 所示。

(3) 三个表达式可以为任何表达式。

① 表达式 1 为循环控制变量赋初值，通常为赋值表达式。

② 表达式 2 通常为关系表达式或逻辑表达式，作为循环控制条件。

③ 表达式 3 为循环控制变量的修正表达式，通常也为赋值表达式。

④ 表达式 1 和表达式 3 一般为简单表达式，也可以为逗号表达式。

⑤ 三个表达式均可以省略或部分省略，但是用作分隔符的分号不能省略。省略了表达式 1，表示不对循环控制变量赋初值；省略了表达式 2，for 循环便成了死循环；省略了表达式 3，则不对循环控制变量进行修改，需在循环体中加入修改循环控制变量的语句，否则 for 循环也可能成为死循环。

1. 若省略表达式 1 和表达式 3，〖做中学 3-3〗应该如何修改？

2. 若省略了表达式 2，如何保证算法的正确实现？

3.4 循环嵌套

视频

循环嵌套格式

前面列举的例子都属于简单循环问题，也就是说用一重循环就能解决。在某些复杂情况下，仅靠一重循环，问题得不到解决，需要用到二重或多重循环。

所谓循环嵌套，即一个循环体内还包含另外一个或几个完整的循环结构，当内嵌的循环中还嵌套其他循环时，成为多层循环。

〖做中学 3-4〗 打印下列形式的乘积表：

$1\times1=1$

$2\times1=2 \quad 2\times2=4$

$3\times1=3 \quad 3\times2=6 \quad 3\times3=9$

…

$9\times1=9 \quad 9\times2=18 \quad 9\times3=27 \quad \cdots \quad 9\times9=81$

视频

打印九九乘法表

〖算法设计〗 使用嵌套的循环结构,外层循环控制变量设为i,用来控制行数,其初值为1,终值为9;内层循环控制变量设为j,用来控制每行打印的内容,初值为1,终值为i。即外层循环控制打印不同的行,内层循环控制打印同一行中的各个算式。N-S图如图3-8所示。

for i=1 to 9		
	for j =1 to i	
		打印算式 i*j 的结果
	打印换行符	

图3-8 〖做中学3-4〗的N-S图

〖程序代码〗

```
#include <stdio.h>
void main(void){
    int i,j;
    for(i=1;i<=9;i++){
        for(j=1;j<=i;j++)
            printf("%d*%d=%2d ",i,j,i*j);
        printf("\n");
    }
}
```

〖程序运行〗

```
1*1= 1
2*1= 2 2*2= 4
3*1= 3 3*2= 6 3*3= 9
4*1= 4 4*2= 8 4*3=12 4*4=16
5*1= 5 5*2=10 5*3=15 5*4=20 5*5=25
6*1= 6 6*2=12 6*3=18 6*4=24 6*5=30 6*6=36
7*1= 7 7*2=14 7*3=21 7*4=28 7*5=35 7*6=42 7*7=49
8*1= 8 8*2=16 8*3=24 8*4=32 8*5=40 8*6=48 8*7=56 8*8=64
9*1= 9 9*2=18 9*3=27 9*4=36 9*5=45 9*6=54 9*7=63 9*8=72 9*9=81
```

〖知识点〗

这三种循环(while、do-while、for)一般情况下可互相替代。

(1) 循环变量的初始化:while、do-while在循环之前指定循环变量初值,for循环在“表达式1”中指定。

(2) 循环条件:while、do-while在while条件表达式中指定,for循环在“表达式2”中指定。

(3) for 语句主要用于已知循环控制变量初值、步长增量及循环次数的循环程序。循环次数及控制条件要在循环过程中才能确定的循环可用 while 或 do-while 语句。

(4) 判断循环条件的时机：while、for 循环先判断循环条件，后执行循环体；do-while 循环先执行循环体，后判断循环条件。

三种循环结构(for、while 和 do-while)可以互相嵌套，嵌套示例见表 3 - 1。多重循环的使用与单一循环完全相同，但应特别注意内、外层循环条件的变化。表3 -1 中列出的仅仅是简单的 6 种情况，实际应用可能是层层嵌套。

表 3 - 1 三种循环结构的嵌套示例

嵌套示例	示例 1	示例 2	示例 3	示例 4	示例 5	示例 6

嵌套结构	while(){
	…
	while(){
	…
	}
	…
	}
		do{
		…
		do{
		…
		}while()
		…
		}while();
			for(;;){
			…
			for(;;){
			…
			}
			…
			}
				while(){
				…
				do{
				…
				}while()
				…
				}
					for(;;){
					…
					while(){
					…
					}
					…
					}
						do{
						…
						for (;;){
						…
						}
						…
						}while()

1. 多重循环嵌套时，循环之间可以并列，但不能交叉。
2. 可用转移语句把流程转出循环体外，但不能从外面转向循环体内。

3.5 循环退出语句

3.5.1 break 语句

视频

break 语句

在循环的过程中，满足一定的条件后需要退出循环时，可用 break 语句实现。

〖做中学 3 - 5〗 求解当 n 等于多少时 1×2×…×n 的积刚好大于 1 000。

〖算法设计〗 这也是一个典型的求连乘积的题，可定义变量 f(初值为 1)存放连乘积，变量 n(初值为 1)存放乘数，具体循环次数未知。可以用“while(f<=1000)”或“do-while(f<=1000)”语句实现；也可以用 for 语句实现，但表达式 2 要空缺，函数体中当 f 的值大于 1 000 时，用 break 退出循环。

〖程序代码〗

```
#include <stdio.h>
void main(void){
    float f = 1;
```

```
    int n;
    for(n=1;;n++){
        f*=n;
        if (f>1000) break;      /*积大于1 000时,退出循环*/
    }
    printf("n=%d,%d!=%f\n",n,n,f);
}
```

〖程序运行〗

```
n=7,7!=5040.000000
```

思考

变量f为什么不定义成整型?

〖知识点〗

break语句的作用是跳出switch-case语句或跳出本层循环,通常与if语句配合使用,用于提前退出循环。break语句用于switch-case结构的情况在前面已讲述过,用于for、while或do-while循环语句中时,可使程序终止循环而执行循环体后面的语句。

视频

continue语句

3.5.2 continue语句

在循环的过程中,满足一定的条件而导致本次循环的剩余语句可以不执行时,可用continue语句实现,用来加速循环。

〖做中学3-6〗 输出1～100之间不能被5整除的数。

〖算法设计〗 定义变量n为循环控制变量,即被除数。若n能被5整除,则结束本次循环,立即进入下一次循环。

〖程序代码〗

```
#include <stdio.h>
void main(void){
    int n, i=0
    for (n=1;n<=100;n++){
        if (n%5==0)
            continue;
        printf("%3d",n);
        i++;
```

```
        if(i % 10 == 0)printf("\n");
    }
}
```

【程序运行】

```
   1   2   3   4   6   7   8   9  11  12
……
  88  89  91  92  93  94  96  97  98  99
```

【程序解析】 程序在循环体中判断出 n 能被 5 整除(即 n%5==0 为真)时,就执行 continue 语句,结束本次循环(即跳过输出语句),接着进行循环判断,直至结束循环(当 n>100 时)。

【知识点】

continue 语句的作用是跳过循环体中剩余的语句,强行执行下一次循环,只用于 for、while、do-while 等循环体中,常与 if 条件语句一起使用,用于加速循环。

不用 continue 能实现【做中学 3-6】的程序功能吗?

3.5.3 goto 语句

goto 语句为无条件转向语句,它可以控制程序的转向操作。

【做中学 3-7】 反复读取字符。

【程序代码】

```
#include <stdio.h>
void main(){
    char ch,ch1;
    printf("请输入一串字符:\n");
output:ch = getchar();          /* 定义了语句标号 output */
    ch1 = getchar();            /* 读取回车符 */
    printf("你输入的字符为:%c\n",ch);
    if (ch! ='\n')
        goto output;
}
```

〖程序运行〗

```
请输入一串字符:
qwertyuiop↙
你输入的字符为:q
你输入的字符为:e
你输入的字符为:t
你输入的字符为:u
你输入的字符为:o
```

〖程序解析〗 该程序通过 goto 和 if 语句的结合使用,实现了循环结构。

〖知识点〗

(1) goto 语句的一般格式为:

语句标号:

…

goto 语句标号;

(2) 说明:

① 语句标号是按标识符规定书写的符号,放在某一语句行的前面,标号后加冒号。

② 语句标号起着标识语句的作用,与 goto 语句配合使用。执行 goto 语句后,程序将跳转到该标号处并执行其后的语句。

③ 语句标号必须与 goto 语句处于同一个函数中,但可以不在一个循环体中。

④ goto 语句用途有两种: 与 if 语句一起构成循环;从循环体内跳到循环体外。

从结构化程序设计思想出发,不提倡使用 goto 语句,因为它会造成程序混乱不清,应当有限制地使用 goto 语句,但某些情况下使用它可提高运行效率。

边学边练

〖练中学 3-1〗 判断一个整数是否为素数。

〖算法设计〗 将 m 作为被除数,分别对 2～sqrt(m)之间的所有整数作整除运算,如果均不能整除,则 m 为素数。N-S 图如图 3-9 所示。

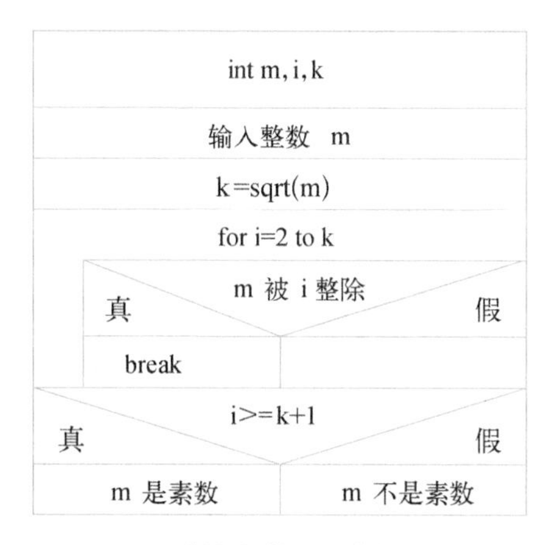

图 3-9 〖练中学 3-1〗的 N-S 图

〖程序代码〗

```
#include <math.h>
#include <stdio.h>
void main(){
    int m,i,k;
    scanf("%d",&m);
    k = (int)sqrt(m);
    for (i = 2;i< = k;i + + )
        if (m % i = = 0) break;
    if (i> = k + 1)
        printf("%d 是素数。\n",m);
    else
        printf("%d 不是素数。\n",m);
}
```

〖程序运行〗

245↙
245 不是素数。

〖练中学 3-2〗 求 100～200 间的全部素数，并统计素数个数。
〖算法设计〗 与上例类似，在上例的基础上用一个 for 循环提供数据 m 即可。
〖程序代码〗

```
#include <math.h>
```

```
#include <stdio.h>
void main(){
    int m,k,i,n=0;      /*n用于累计素数的个数*/
    for (m=101;m<=200;m=m+2) {
        k=(int)sqrt(m);
        for (i=2;i<=k;i++)
            if (m%i==0) break;
        if (i>=k+1) {
            printf("%5d",m);
            n=n+1;
        }
        if (n%10==0)
            printf("\n");
    }
    printf("\n共有%d个素数。\n",n);
}
```

【程序运行】

```
  101  103  107  109  113  127  131  137  139  149
  151  157  163  167  173  179  181  191  193  197
  199
共有21个素数。
```

【练中学3-3】 用以下公式计算π的值,直到最后一项的绝对值小于10^{-6}为止。

$$\frac{\pi}{4}\approx 1-\frac{1}{3}+\frac{1}{5}-\frac{1}{7}+\frac{1}{9}-\frac{1}{11}+\cdots$$

【算法设计】 每项的分母,等于前一项分母加2,用"n=n+2"实现,n的初值为1;每项的符号交替变化,用"s=-s"实现,s的初值为+1(第一项为正)。N-S图如图3-10所示。

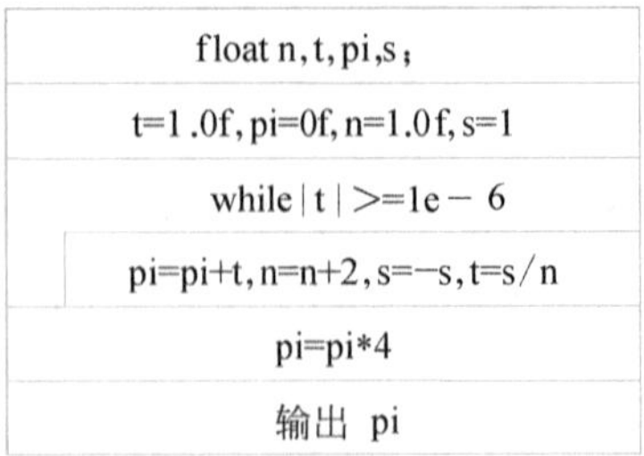

float n,t,pi,s;
t=1.0f, pi=0f, n=1.0f, s=1
while |t|>=1e-6
pi=pi+t, n=n+2, s=-s, t=s/n
pi=pi*4
输出 pi

图3-10 【练中学3-3】的N-S图

〖程序代码〗

```
#include <math.h>
#include <stdio.h>
void main(){
    int s = 1;
    float n = 1.0f,t = 1.0f,pi = 0.0f;
    while((fabs(t))>= 1e-6) {
        pi = pi + t;              /* pi 的累加和 */
        n = n + 2;                /* 后一项分母等于前一项分母加 2 */
        s = - s;                  /* 分子,处理正负号 */
        t = (float)s/n;           /* 计算加项,无类型强制转换时 t 为 0 */
    }
    pi = pi * 4;
    printf("pi = % - 10.6f",pi);
}
```

〖程序运行〗

```
pi = 3.141594
```

〖练中学 3-4〗 求具有 $abcd=(ab+cd)^2$ 性质的四位数,如 $3\,025=(30+25)^2$。

〖算法设计〗 具有这种性质的四位数没有分布规律,可采用穷举法,对所有四位数进行判断,从而筛选出符合这种性质的四位数。具体算法实现,可任取一个四位数,将其截为两部分,前两位为 m,后两位为 n,然后套用公式计算并判断。

〖程序代码〗

```
#include <stdio.h>
void main(void){
    int k,m,n;
    printf("以下的这些数满足条件:\n");
    for(k = 1000;k<10000;k ++ ){      /* 四位数 k 的取值范围 1 000~9 999 */
        n = k % 100;                  /* 截取 k 的后两位数存于 n */
        m = k/100;                    /* 截取 k 的前两位数存于 m */
        if ((m + n) * (m + n) == k)   /* 判断 k 是否为符合条件 */
            printf(" %d  ",k);
    }
}
```

〖程序运行〗

```
以下的这些数满足条件:
2025  3025  9801
```

〖练中学3-5〗 求3 000以内的全部亲密数。如果整数a的全部因子(包括1,不包括a本身)之和等于b,且整数b的全部因子(包括1,不包括b本身)之和等于a,则将整数a和b称为亲密数。

〖算法设计〗 按照亲密数定义,要判断数a是否有亲密数,只要计算出a的全部因子的累加和为b,再计算b的全部因子的累加和为n,若n等于a则可判定a和b是亲密数。

计算数a的各因子的算法:用a依次对i(1至a/2)进行模运算,若模运算结果等于0,则i为a的一个因子。

〖程序代码〗

```
#include <stdio.h>
void main(void){
    int a,i,b,n;
    printf("以下这些数是亲密数:\n");
    for(a=1;a<3000;a++){                /*穷举3 000以内的全部整数*/
        b=0;
        for(i=1;i<=a/2;i++)
            if (a%i==0) b+=i;   /*计算数a的各因子,将各因子之和存于b*/
        n=0;
        for(i=1;i<=b/2;i++)
            if (!(b%i)) n+=i;    /*计算数b的各因子,将各因子之和存于n*/
        if (n==a&&a<b)
            printf("%4d…%4d\t",a,b);
    }
}
```

〖程序运行〗

```
以下这些数是亲密数:
 220… 284     1184…1210     2620…2924
```

〖练中学 3-6〗 百钱百鸡问题。中国古代数学家张丘建在他的《算经》中提出了一个著名的百钱百鸡问题：鸡翁一，值钱五，鸡母一，值钱三，鸡雏三，值钱一，百钱买百鸡，问翁、母、雏各几何？

〖算法设计〗 设鸡翁、鸡母、鸡雏的个数分别为 x、y、z。题意给定共 100 钱要买百鸡，若全买公鸡最多买 20 只，显然 x 的值在 0～20 之间；同理，y 的取值范围在 0～33 之间，可得到下面的不定方程：

$$\begin{cases} 5x + 3y + z/3 = 100 \\ x + y + z = 100 \end{cases}$$

此问题可归结为求这个不定方程的整数解。在确定方程中未知数变化范围的前提下，可通过对未知数可变范围的穷举，验证方程在什么情况下成立，从而得到相应的解。

〖程序代码〗

```
#include <stdio.h>
void main(){
    int x,y,z,j=0;
    printf("下面是百钱买百鸡的答案:\n");
    for(x=0;x<=20;x++)           /*外层循环控制公鸡数x在0～20之间变化*/
        for(y=0;y<=33;y++){ /*内层循环控制母鸡数y在0～33之间变化*/
            z=100-x-y;  /*内层循环控制下,雏鸡数受x、y值的制约*/
            if(z%3==0&&5*x+3*y+z/3==100)
                             /*验证z值的合理性及该组解的合理性*/
            printf("%2d: 公鸡=%2d 母鸡=%2d 雏鸡=%2d\n",++j,x,y,z);
        }
}
```

〖程序运行〗

```
下面是百钱买百鸡的答案:
␣1: 公鸡=␣0␣母鸡=25␣雏鸡=75
␣2: 公鸡=␣4␣母鸡=18␣雏鸡=78
␣3: 公鸡=␣8␣母鸡=11␣雏鸡=81
␣4: 公鸡=12␣母鸡=␣4␣雏鸡=84
```

拓展提升

goto语句综述

总结归纳

模块三的内容结构如图3-11所示。

图3-11 模块三的内容结构

强化练习

3-1 选择题

1. 下列程序执行后的输出结果是(   )。

```
#include <stdio.h>
void main(void){
    int a = 0;
    while (a<= 2)
        a ++ ;
    printf(" %d\n",a);
}
```

A) 0　　B) 1　　C) 2　　D) 3

2. 下列程序执行后的输出结果是(　　)。

```
#include <stdio.h>
void main(void){
    int a,b;
    for (a = 1,b = 1;a<= 100;a ++ ){
        if (b> = 10) break;
        if (b % 3 == 1){
            b += 3;
            continue;
        }
    }
    printf(" %d\n",a);
}
```

A) 101　　B) 6　　C) 5　　D) 4

3. 下列程序执行后的输出结果是(　　)。

```
#include <stdio.h>
void main(void){
    int i,total;
    for (i = 1;i< = 3;total ++ )
        total += i;
    printf(" %d\n",total);
}
```

A) 6　　B) 3　　C) 死循环　　D) 0

4. 下列程序执行后的输出结果是(　　)。

```
#include <stdio.h>
void main(void){
    int n = 9;
    while(n>6){
        n-- ;
        printf(" %d",n);
    }
}
```

A) 987　　B) 876　　C) 8 765　　D) 9 876

5. 以下循环体的执行次数是(　　)。

```
#include <stdio.h>
void main(void){
    int i,j;
    for (i = 0,j = 1;i<j + 1;i += 2,j -- )
    printf(" %d\n",i);
}
```

A) 3　　B) 2　　C) 1　　D) 0

6. 以下叙述正确的是(　　)。

A) do-while 语句构成的循环不能用其他语句构成的循环来代替

B) do-while 语句构成的循环只能用 break 语句退出

C) 用 do-while 语句构成的循环,在 while 后的表达式为非零时结束循环

D) 用 do-while 语句构成的循环,在 while 后的表达式为零时结束循环

7. 以下程序段执行的结果是(　　)。

```
int a = 10,y = 0;
do{
    a += 2;y += a;
    printf("a = %d y= %d  ",a,y);
    if (y>20) break;
}while(a< = 14);
```

A) a=12 y=12　a=14 y=26　　B) a=12 y=12　a=16 y=28

C) a=12 y=12　a=16 y=20　　D) a=12 y=12　a=18 y=24

8. 下列程序执行后的输出结果是(　　)。

```
#include <stdio.h>
void main(void){
    int i;
    for (i=1;i<6;i++){
        if (i%2){
            printf("#");
            continue;
        }
        printf("*");
    }
    printf("\n");
}
```

A) #*#*#　　B) ####　　C) *****　　D) *#*#

9. 下列程序执行后的输出结果是(　　)。

```
#include <stdio.h>
void main(void){
    int i;
    for(i='A';i<='I';i++)
        printf("%c",i+32);
    printf("\n");
}
```

A) 编译未通过,无输出　　B) aceg

C) acegi　　D) abcdefghi

10. 下列程序执行后的输出结果是(　　)。

```
#include <stdio.h>
void main(void){
    int i,j,x=0;
    for(i=0;i<2;i++){
        x++;
        for(j=0;j<=3;j++){
            if(j%2) continue;
            x++;
        }
```

```
        x++;
    }
    printf("x = %d\n",x);
}
```

A) x=4　　B) x=8　　C) x=6　　D) x=12

3-2　实训题

1. 编程求“1!+2!+…+n!”，用单循环实现。
2. 编程打印出10元钱兑换成5元、2元和1元钱的所有方法。
3. 100匹马驮100担货，大马一匹驮3担，中马一匹驮2担，小马两匹驮1担。编写程序计算大、中、小马的数目。
4. 编程找出1至99之间的全部同构数。同构数是这样的一组数：它出现在其平方数的右边。例如，5是25右边的数，25是625右边的数，因此5和25都是同构数。
5. 每个苹果1元，第一天买2个苹果，第二天开始，每天买的苹果数是前一天的2倍，直至购买的苹果个数达到不超过100的最大值。编写程序求平均每天花了多少钱。
6. 100与100 000之间有多少个整数各位上的数字之和等于5？编写程序进行计算。
7. 一只球从100米的高度自由落下，每次落地后反弹跳回的高度是原高度的0.8倍。求它在第10次落地时总行程有多少米？第10次反弹能跳多高？编写程序进行计算。

文本

参考答案
（模块三）

模块四 数组应用训练

能力目标

(1) 熟练掌握一维数组的使用方法;
(2) 熟练掌握字符数组及字符串的使用方法;
(3) 理解二维数组的使用方法;
(4) 了解多维数组的使用方法。

知识准备

〖引例任务〗 输入5个数,求其平均值。

〖算法设计〗 可以采用把输入的5个数据先保存起来,然后对保存的数据求累加和,再求其平均值。用什么办法保存5个数据呢? 方法之一是定义5个变量来保存5个数据,若数据量比较大,此方法不可行。最佳方法是定义的一个特殊变量——数组来保存多个数据。

〖程序代码〗

```
#include <stdio.h>
void main(){
    int i,a[5];
    float s = 0,ave;
    printf("请输入5个整数:\n");
    for(i = 0;i<5;i ++ )
        scanf("%d",&a[i]);
    for(i = 0;i<5;i ++ )
        s += a[i];
    ave = s/5.0f;
```

```
    printf("平均值为：%4.2f\n",ave);
}
```

〖程序运行〗

```
请输入5个整数：
5 6 7 8 9 2↙
平均值为：7.00
```

〖引例解析〗 首先定义了一个特殊变量a，用来保存5个数据，a[i]表示第i个数据，通过5次循环，把5个数据累加到了变量s中。这个特殊的变量a称为数组，通过数组实现了批量数据的存储。

本模块的主要内容是学习数组的定义、初始化及应用，字符串数组的定义、存储及输入输出。

4.1 一维数组

视频

一维数组定义

4.1.1 一维数组的定义

由一组类型相同的相关数据项构成的集合称为数组(array)，在内存中占据连续的存储空间；构成数组的数据项称为数组的元素(elements of array)。同一数组中的元素，具有相同的数据类型。

〖做中学4-1〗 由键盘输入一组数据，然后逆序输出。

〖算法设计〗 先输入一批数据放在数组中，再通过循环控制把数组中的每一个元素倒序输出。

〖程序代码〗

```
#include <stdio.h>
void main(){
    int i,a[5];
    for(i=0;i<=4;i++)
        scanf("%d",&a[i]);                /*对数组各元素赋值*/
    for(i=4;i>=0;i--)
        printf("a[%d]=%d ",i,a[i]);    /*逆向输出数组元素的值*/
}
```

〖程序运行〗

```
12 24 35 13 67↙
a[4]=67 a[3]=13 a[2]=35 a[1]=24 a[0]=12 
```

〖知识点〗

(1) 定义一维数组的语法格式为：

存储类型 数据类型 数组名[数组长度]

存储类型是auto类型或static类型，缺省时系统默认为auto类型。如果定义为auto类型，数组存放在动态存储区；如果定义为static类型，数组存放在静态数据区。

数据类型表示的是数组中各元素的数据类型，可以是任何基本类型和构造类型。但同一数组中的各元素必然是同一个数据类型。

数组名的命名应该符合C语言中标识符的命名规则。

定义数组时，数组的长度是数组中元素的个数，只能用常量或符号常量表示，不能是变量或包含变量的表达式。例如：

```
int a[7];
```

该语句表示定义了一个自动存储类型、数组名为a、数组长度为7的整型数组。它是一个变量的集合，数组a中共包含有7个元素。数组元素的下标从0开始，因此数组a中的元素依次为a[0]、a[1]、a[2]、a[3]、a[4]、a[5]、a[6]。数组a在定义时，占用连续的存储单元，单元内存储的值是随机的，如图4-1所示。

数组元素：	a[0]	a[1]	a[2]	a[3]	a[4]	a[5]	a[6]
存储单元：	−23	5	−4	1 324	6 684	−9 336	−545

图4-1 数组a的内存分配图

(2) 一维数组元素的引用格式为：

数组名[下标]

它表示数组中的某个元素，下标是数组元素在数组中的排列序号，可以是整型常量、变量或表达式。例如：

```
a[0] = a[1] + 3 + a[2 * 2] + a[9 - 3];
```

(3) 一维数组的初始化。数组的初始化可以在定义时完成，也可以在数组定义之后对数组元素逐个赋值。在定义时进行初始化的格式为：

数据类型 数组名 [数组长度]={数据1,数据2,…,数据n};

例如：

```
double b[4] = {1.0,3.2,6,5.0};
```

在定义数组b的同时完成了初始化，数组中的每个元素按照先后次序得到相应的赋值，即 b[0]=1.0，b[1]=3.2，b[2]=6.0，b[3]=5.0。

花括号中的数据应与定义的类型一致，否则系统会自动进行数据类型转换。

可以只给数组的前面一部分元素赋值。例如"int a[6]={0,3,2};"，数组 a 的前 3 个元素依次得到相应的赋值，而后 3 个元素则由系统自动赋值为 0。

在定义时如果对数组全部元素赋值，就可以省略数组的长度。例如"int a[]={0,3,2,6,−9,10,45,78};"，系统会根据花括号中初值的个数自动定义数组 a 的长度为 8。

对于 static 类型的数组，在定义时如果没有初始化，系统会自动将数组的全部元素初始化为 0；而对于 auto 类型的数组，C 编译器不会自动对其进行初始化，必须人为在程序中进行初始化。

一维数组应用

4.1.2 一维数组的应用

〖做中学 4-2〗 输入 10 个数，输出其中的最大值和最小值。

〖算法分析〗 N-S 图如图 4-2 所示。

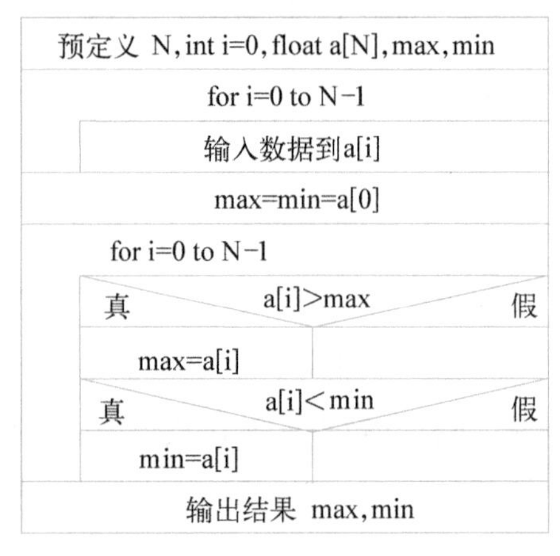

图 4-2 〖做中学 4-2〗的 N-S 图

〖程序代码〗

```
#include <stdio.h>
#define N 10
void main(){
    int i;
    float a[N],max,min;
    printf("请输入%d个数据:\n",N);
```

```
    for(i = 0;i< = N - 1;i ++ )
        scanf(" % f",&a[i]);
    max = min = a[0];
    for(i = 0;i< = N - 1;i ++ ){
        if (a[i]>max)   max = a[i];
        if (a[i]<min)   min = a[i];
    }
    printf("max = % f\t min = % f\n",max,min);
}
```

【程序运行】

```
请输入 10 个数据:
12  23  13  45  2  56  78  89  90  34↙
max = 90.000000      min = 2.000000
```

【做中学 4-3】 用冒泡法对 10 个数按升序进行排序。

【算法分析】 冒泡法排序算法是将待排序的数据存放到一维数组 a 中，首先比较相邻两个数 a[0]、a[1]，若“a[0]>a[1]”成立，则交换它们的值；然后用 a[1]与 a[2]相比较，若“a[1]>a[2]”成立，再交换它们的值；……直到 a[8]与 a[9]比较完毕。经过第一轮 9 次比较之后，最大的数将“沉底”，较小的数将“上浮”；然后再对剩下的 9 个数进行第二轮比较，比较 8 次；……直到最后一轮(第 9 轮)仅剩两个数比较，就完成了对所有数的排序。若对 N 个数排序，第 1 轮比较 N−1 次，第 2 轮比较 N−2 次，即第 i 轮比较的次数是 N−i，N－S 图如图 4－3 所示。

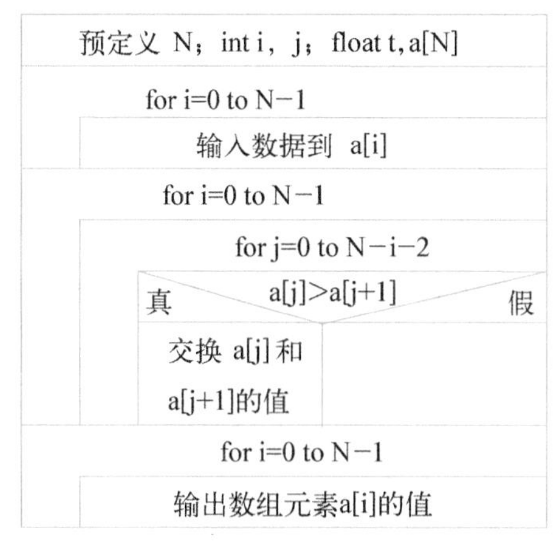

图 4－3 【做中学 4－3】的 N－S 图

〖程序代码〗

```
#include <stdio.h>
#define N 10
void main(){
    int i,j, t,a[N];
    printf("请输入%d个待排序的数据:\n",N);
    for(i=0;i<=N-1;i++)
        scanf("%d",&a[i]);              /*输入数组元素的值*/
    for (i=0;i<=N-1;i++)                /*控制轮数,共N轮*/
        for (j=0;j<=N-i-2;j++)          /*控制每轮的比较次数,共N-i-1次*/
            if (a[j]>a[j+1]) {          /*比较相邻元素,将较大值后移*/
                t=a[j];
                a[j]=a[j+1];
                a[j+1]=t;
            }
        printf("\n排序后的数据为:\n");
        for(i=0;i<=N-1;i++)
            printf("%d  ",a[i]);
}
```

〖程序运行〗

```
请输入10个待排序的数据:
100 23 34 21 4 5 -20 -30 56 78↙
排序后的数据为:
-30  -20  4  5  21  23  34  56  78  100
```

4.2 二维数组

视频

二维数组定义

4.2.1 二维数组的定义

相对于一维数组而言,二维数组是较为复杂的数组形式,可以用来建立更加复杂的数据结构。二维数组的定义、初始化和引用与一维数组类似,二维数组可以看成是特殊形式的一维数组,它由多行多列数据排列组合在一起构成。

〖做中学4-4〗 定义一个4行5列的数组,赋值并输出。

〖算法设计〗 可以将一维数组看作一行存储在连续存储区域的数据,对于多行多列的数据则使用二维数组来存储。程序中“int a[4][5];”定义了一个4行5列的数组。在给数组元素赋值时可以使用循环嵌套语句，其中变量 i 用来控制行标，变量 j 用来控制列标，使用“a[i][j]=i*j;”给 i 行 j 列的元素赋值为 i 和 j 的乘积。

〖程序代码〗

```
#include <stdio.h>
void main(){
    int i,j,a[4][5];
    for (i = 0;i<4;i ++ )
        for (j = 0;j<5;j ++ )
            a[i][j] = i * j;
    for (i = 0;i<4;i ++ ) {
        for (j = 0;j<5;j ++ )
            printf("a[%d][%d] = %2d  ",i,j,a[i][j]);
        printf("\n");
    }
    for (i = 0;i<4;i ++ ) {
        for (j = 0;j<5;j ++ )
            printf("%d    ",a[i][j]);
        printf("\n");
    }
}
```

〖程序运行〗

```
a[0][0] =  0  a[0][1] =  0  a[0][2] =  0  a[0][3] =  0  a[0][4] =  0
a[1][0] =  0  a[1][1] =  1  a[1][2] =  2  a[1][3] =  3  a[1][4] =  4
a[2][0] =  0  a[2][1] =  2  a[2][2] =  4  a[2][3] =  6  a[2][4] =  8
a[3][0] =  0  a[3][1] =  3  a[3][2] =  6  a[3][3] =  9  a[3][4] = 12
0    0    0    0    0
0    1    2    3    4
0    2    4    6    8
0    3    6    9    12
```

〖知识点〗

（1）二维数组的语法格式为：

存储类型　数据类型　数组名[第一维长度][第二维长度]

第一维长度代表数组的行数，第二维长度代表数组的列数。

例如，“int a[2][3];”表示定义了一个 auto 类型、数组名为 a、2 行 3 列(共有 6 个元素)的二维整型数组，也可以看成是一个特殊的一维数组，该数组的元素组成如下：a[0][0]，a[0][1]，a[0][2]，a[1][0]，a[1][1]，a[1][2]。

二维数组在内存中按先行后列的顺序存放数组元素。即先存放第一行元素，然后依次存放第二行、第三行、……图 4-4 是数组 a 的内存分配图，各存储单元的值是随机值。

数组元素：	a[0][0]	a[0][1]	a[0][2]	a[1][0]	a[1][1]	a[1][2]
存储单元：	384	500	−9	567	678	−783

图 4-4　数组 a 的内存分配图

(2) 二维数组的引用。同一维数组一样，也是必须先定义后引用，其引用也是通过下标来实现的。格式为：

数组名[行下标][列下标]

其中，行下标和列下标表示数组元素所在的行和列，下标可以是常量、变量或整数表达式。每个下标都必须用方括号括起来，行下标和列下标都不能超出其定义范围。例如：

```
int a[3][4];
```

a[i][j]表示 a 数组的第 i 行第 j 列的元素，a[0][3]表示二维数组 a 的第 0 行第 3 列的元素。对数组 a 中各元素进行引用时，行下标的范围为 0～2，列下标的范围为0～3。

在使用二维数组时只能引用数组元素，而不能整行或整列地引用数组。

(3) 二维数组的初始化。可以在定义时完成，也可以在程序当中对数组元素逐个赋值。定义时初始化的一般格式为：

数据类型 数组名[第一维长度][第一维长度]＝{{数据行 1}，{数据行 2}，…，{数据行 n}}

或者写为：

数据类型 数组名[第一维长度][第一维长度]＝{数据 1，数据 2，…，数据 n}

数据行是指数组中某行从左至右的次序排列起来的数据的集合，数据行中的各数据项之间用逗号隔开。例如：

```
int a[3][4] = {{1,0,5,2},{3,0,0,0},{0,0,0,0}};
```

使用第二种格式进行初始化时，系统将按数组每个数据在内存中排列的顺序依次对数组元素赋值。上例也可写成：

```
int a[3][4] = {1,0,5,2,3,0,0,0,0,0,0,0};
```

数组 a 被初始化为：

a[0][0]=1　a[0][1]=0　a[0][2]=5　a[0][3]=2
a[1][0]=3　a[1][1]=0　a[1][2]=0　a[1][3]=0
a[2][0]=0　a[2][1]=0　a[2][2]=0　a[2][3]=0

当二维数组的长度较短时，利用第二种格式对数组进行初始化就显得简洁方便。但当数组长度较长时，则容易引起混乱，而且不易修改，此时利用第一种格式比较直观且方便修改。

① 可以只给部分元素赋初值，此时系统将自动给剩余的元素赋 0 值。例如：

```
int a[3][4] = {{1,0,5,2},{3}};
```

当数组后面大部分的元素值为 0 时，使用第二种格式给二维数组赋初始值。例如：

```
int a[3][4] = {1,0,5,2,3};
```

② 给全部元素赋值时，可省略二维数组的第一维长度。当使用上述两种初始化格式对二维数组的全部元素都赋初值时，可以省略第一维长度，但不能省略第二维长度。例如：

```
int a[][4] = {{1,0,5,2},{3},{0}};
```

也可写成：

```
int a[][4] = {1,0,5,2,3,0,0,0,0,0,0,0};
```

系统将根据花括号中的数据总数确定数组的第一维长度。数组 a 中共有 12 个数据且列数为 4，则可确定其行数为 3，可用下面的矩阵表示：

$$a=\begin{pmatrix}1 & 0 & 5 & 2\\ 3 & 0 & 0 & 0\\ 0 & 0 & 0 & 0\end{pmatrix}$$

4.2.2 二维数组的应用

视频

二维数组应用

【做中学 4-5】 编写程序，求 3×4 矩阵值最小元素的值，及其所在的行号、列号。

【算法设计】 根据题目要求，对于 3×4 矩阵可用一个二维数组存放，开始先假设第一个元素a[0][0]为此二维数组中最小元素的值，存储在变量 min 中。变量 row 和 column 分别表示最小值所在的行与列，其初始值都为 0。然后依次将每个元素与 min 进行比较，只要遇到比 min 小的值，就将其值赋给 min，同时在 row 和 column 中记录其行号和列号的值，N－S 图如图 4－5 所示。

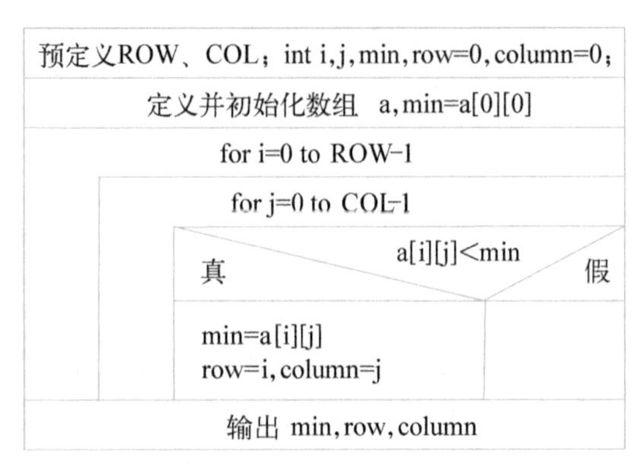

图 4-5 【做中学 4-5】的 N-S 图

【程序代码】

```
#define ROW 3
#define COL 4
#include <stdio.h>
void main(){
    int i,j,row = 0,column = 0,min;
    static int a[ROW][COL] = {{1,22,13,43},{345,3,-500,96},{103,10,3,20}};
    min = a[0][0];
    for(i = 0;i<3;i++)
        for(j = 0;j<4;j++)
            if (a[i][j]<min){
                min = a[i][j];
                row = i;
                column = j;
            }
    printf("最小值为:%d,位于第%d行、第%d列。\n",min,row+1,column+1);
}
```

【程序运行】

最小值为:-500,位于第1行、第2列。

【做中学 4-6】 已知 a 为 2×3 的矩阵,b 为 3×4 的矩阵,求算式 c=a×b。

【算法设计】 求两个矩阵的乘积,即用 a 矩阵的某行与 b 矩阵的某列对应元素相乘,再相加,所得的结果为 c 矩阵的某行某列上的元素。可以使用二维数组处理这个问题,N-S 图如图 4-6 所示。

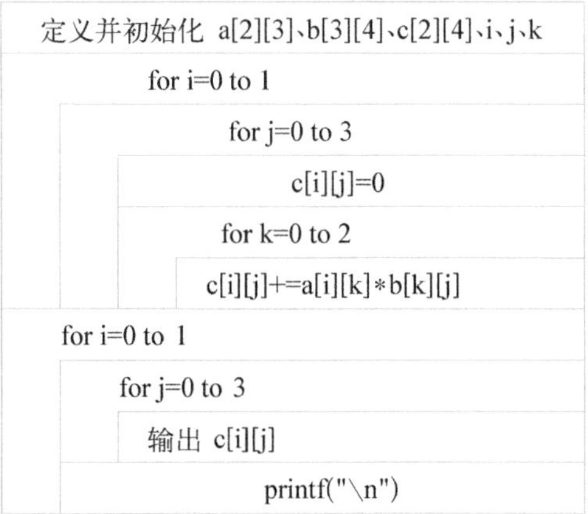

定义并初始化 a[2][3]、b[3][4]、c[2][4]、i、j、k

for i=0 to 1

for j=0 to 3

c[i][j]=0

for k=0 to 2

c[i][j]+=a[i][k]*b[k][j]

for i=0 to 1

for j=0 to 3

输出 c[i][j]

printf("\n")

图 4-6 【做中学 4-6】的 N-S 图

【程序代码】

```
#include <stdio.h>
void main(){
    int a[2][3] = {5,6,7,8,2,1},c[2][4],i,j,k;
    int b[3][4] = {{2,5,1,3},{3,5,0,2},{6,4,2,7}};
    for (i = 0;i<2;i ++ )
        for (j = 0;j<4;j ++ ){
            c[i][j] = 0;
            for (k = 0;k<3;k ++ )
                c[i][j] + = a[i][k] * b[k][j];
        }
    printf("矩阵 a 与 b 的乘积矩阵 c 为:\n");
    for (i = 0;i<2;i ++ ){
        for (j = 0;j<4;j ++ )
            printf(" %4d",c[i][j]);
        printf("\n");
    }
}
```

【程序运行】

```
矩阵 a 与 b 的乘积矩阵 c 为:
  70  83  19  76
  28  54  10  35
```

4.3 字符数组

视频

字符数组定义

4.3.1 字符数组的定义

用来存放字符型数据的数组是字符数组。字符数组通常用来存放和处理字符串，字符数组的一个元素存放一个字符。字符数组的定义、引用和初始化与前面介绍的数组类似，它也分一维字符数组、二维字符数组和多维字符数组。

〖做中学 4-7〗 使用字符数组输出“I am happy!”。

〖程序代码〗

```
#include <stdio.h>
void main(){
    static char c[11] = {'I',' ','a','m',' ','h','a','p','p','y','!'};
    int i;
    for(i = 0;i<11;i ++)
        printf("%c",c[i]);
    printf("\n");
}
```

〖程序运行〗

```
I am happy!
```

〖知识点〗

(1) 字符数组的定义。字符数组的定义方法与前面介绍的数组定义方法类似，它的数据类型是 char。例如“char c[9];”表示定义了一个 auto 存储类型、数组名为 c、可容纳 9 个字符的一维字符数组，“char str1[3][6];”表示定义一个 auto 存储类型、数组名为 str1、3 行 6 列的二维字符数组。

(2) 字符数组的引用。可以引用字符数组中的某个元素，得到一个字符。字符数组的引用也是由数组名和下标组合在一起来表示数组元素的。

(3) 字符数组的初始化。字符数组的初始化与普通数组的初始化类似，可以在定义数组时完成，也可以在定义之后再逐个给数组元素赋值。例如：

```
char c[10] = {'H','e','l','l','o',' ','J','a','c','k'};
```

系统会为 c 数组分配 10 个存储单元，并将数组元素的值存放在其中，如图 4-7 所示。

数组元素：	c[0]	c[1]	c[2]	c[3]	c[4]	c[5]	c[6]	c[7]	c[8]	c[9]
存储单元：	H	e	l	l	o		J	a	c	k

图 4-7 数组 c 的内存分配图(一)

当只对字符数组的一部分元素赋值时，剩余元素将由系统自动赋为'\0'。例如：

```
char c[11] = {'C',' ','p','r','o','g','r','a','m'};
```

此时数组 C 的内存分配图如图 4-8 所示。

数组元素：	c[0]	c[1]	c[2]	c[3]	c[4]	c[5]	c[6]	c[7]	c[8]	c[9]	c[10]
存储单元：	C		p	r	o	g	r	a	m	\0	\0

图 4-8 数组 c 的内存分配图(二)

二维数组的定义和初始化，例如：

```
char ch[3][6] = {{'H','a','p','p','y'},{'N','e','w'},{'Y','e','a','r'}};
```

初始化后数组的值：

$$ch=\begin{pmatrix} \text{'H'} & \text{'a'} & \text{'p'} & \text{'p'} & \text{'y'} & \text{'\textbackslash 0'} \\ \text{'N'} & \text{'e'} & \text{'w'} & \text{'\textbackslash 0'} & \text{'\textbackslash 0'} & \text{'\textbackslash 0'} \\ \text{'Y'} & \text{'e'} & \text{'a'} & \text{'r'} & \text{'\textbackslash 0'} & \text{'\textbackslash 0'} \end{pmatrix}$$

4.3.2 字符数组的应用

〖做中学 4-8〗 输入一行简单英文句子，统计其中单词的个数。

〖算法设计〗 统计一个句子中的单词数量，即统计保存该句子的字符数组中用空格隔开的单词个数。从第一个字符开始检查字符数组，如果遇到空格，则统计变量加 1；如果没遇到空格，则表示这个单词还没结束，继续往下检查，直至遇到'\0'为止，N-S 图如图 4-9所示。

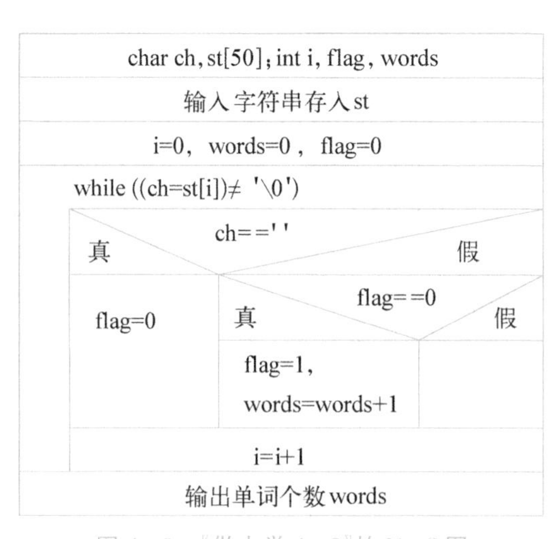

图 4-9 〖做中学 4-8〗的 N-S 图

〖程序代码〗

```
#include <stdio.h>
void main(){
    char ch,st[50];
    int i=0,words=0,flag=0;
    printf("请输入一行英文句子:\n");
    gets(st);
    while ((ch=st[i])!='\0'){
        if (ch==' ')
            flag=0;
        else if (flag==0){
            flag=1;
            words+=1;
        }
        i++;
    }
    printf("该句子有%d个单词。\n",words);
}
```

〖程序运行〗

```
请输入一行英文句子:
You are a clever boy.↙
该句子有5个单词。
```

〖做中学4-9〗 输入多名学生的姓名,并按姓名升序输出学生名单。

〖算法设计〗 要对多名学生的姓名进行输入与排序,首先得存储这些信息数据。在程序中定义一个二维字符数组name[10][20],用来存放10个姓名字符串。进行姓名排序时,使用选择排序法,其思路是:第一次,在10个字符串中找出最小字符串并将其存放在name[0]中;第二次,在剩下的9个字符串中,找出最小字符串并将其存放在name[1]中;以此类推,直至最后剩下一个字符串为止。

〖程序代码〗

```
#include <stdio.h>
#include <string.h>
```

```
#define N 10
void main(){
    char str[20],name[N][20];
    int i,j,p;
    for (i = 0;i<N;i ++ )  {
        printf("输入第 %d 位同学的名字:",i + 1);
        gets(name[i]);
    }
    for(i = 0;i<N - 1;i ++ ){
        p = i;
        for (j = i + 1;j<N;j ++ )
            if (strcmp(name[j],name[p])<0) p = j;
            if(p! = i){
                strcpy(str,name[i]);
                strcpy(name[i],name[p]);
                strcpy(name[p],str);
            }
    }
    printf("升序排序后的名单:\n");
    for(j = 0;j<N;j ++ )
        printf("第 %2d 位: %s\n",j + 1,name[j]);
}
```

〖程序运行〗

```
输入第 1 位同学的名字: cheng qianxu↙
输入第 2 位同学的名字: cheng guangzhou↙
……
输入第 9 位同学的名字: ma chengkong↙
输入第 10 位同学的名字: ma zhicheng↙
升序排序后的名单:
第␣1 位: cheng guangzhou
第␣2 位: cheng huali
……
第␣9 位: zhao rui
第 10 位: zhao wenlian
```

4.4 字符串

视频

字符串定义

4.4.1 字符串的定义和赋值

一个字符序列组成的集合就形成了一个字符串。在C语言中，由于没有字符串类型，因而字符串是用字符数组来存放的。

1. 字符串结束标志

C语言规定，'\0'作为字符串结束标志，利用它可以测定字符串的有效长度。例如，定义一个长度为80的字符数组ch，用该数组存放字符串“I have done it”。这个字符串共有14个字符，系统将自动在字符串的后面加上字符'\0'，表示该字符串的有效位数到此为止，这样就可以很容易地得到字符串的实际长度。

2. 将字符串常量赋给字符数组

将一个字符串常量赋值给一个字符数组时，首先要保证该字符数组长度足够大。如果有长度为n的字符串，那么字符数组ch的最小长度应该为n+1，才能把字符串赋值给字符数组ch。

可以用字符串常量对字符数组初始化。例如：

```
char ch[15] = {"I have done it"};
```

或者：

```
char ch[ ] = {"I have done it"};
```

也可以省略花括号，直接写成以下形式：

```
char ch[ ] = "I have done it";
```

可以看到，最后一种写法更加简单易行，而且不必担心数组的长度不够。用这种方法对字符数组进行初始化实际上与下面的初始化写法等价：

```
char ch[ ] = {'I', '', 'h', 'a', 'v', 'e', '' , 'd', 'o', 'n', 'e', '', 'i', 't', '\0'};
```

经初始化后同样会得到长度为15的字符数组ch，字符数组ch就可以代表字符串“I have done it”。但如果写成：

```
char ch[14] = { 'I', '', 'h', 'a', 'v', 'e', '' , 'd', 'o', 'n', 'e', '', 'i', 't'}
```

则只得到了长度为14的字符数组ch，此时字符数组ch并不代表字符串“I have done it”。

说明

(1) C 语言并不要求字符数组的最后一个字符为空字符'\0'。一个字符数组可以不包含'\0',但是在存储字符串时,一定要在字符数组的最后包含一个空字符'\0'。

(2) 应该注意字符常量与字符串常量的不同。字符常量是用单引号引起来的单个字符,而字符串常量则是用双引号引起来的单个字符或字符序列。例如,"a"是一个字符串,存储时占两个字节('a'和'\0'各占一个字节),'a'是一个字符,存储时占一个字节。

4.4.2 字符串的格式输入输出

视频

字符串的格式输入输出

利用格式输入函数 scanf()和格式输出函数 printf()可以实现字符串的输入输出。在格式输入输出函数中使用格式符"%c",可以实现字符数组中逐个字符的输入输出;而使用格式符"%s",则可以实现将字符数组中的字符串一次输入输出。

1. 字符串的输入

使用 scanf()函数向字符数组中输入字符串时,应该预先定义足够长度的字符数组。

逐个输入字符的方法:

```
for (i = 0; i<N; i ++ )
     scanf(" %c",&ch[i]);
```

一次输入字符串的方法:

```
scanf(" %s",ch);
```

用"%s"格式符输入字符串时,遇到回车符或空格符就结束本次输入。在执行 scanf()语句时,如果输入"Happy New Year",ch 数组中只能读入"Happy",后面的字符将被忽略。

2. 字符串的输出

逐个输出字符的方法:

```
for(i = 0;ch[i]! ='\0';i ++ )
    printf(" %c",ch[i]);
```

一次输出字符串的方法:

```
printf(" %s",ch);
```

使用 printf()函数输出字符数组时需注意以下几点:

(1) 用"%s"格式符输出字符串时,遇到字符'\0'就结束输出,即使数组长度大于字符串的长度,也只输出到'\0'为止。

（2）如果字符数组中包含不止一个'\0'，则以第一个'\0'作为输出结束标志。

（3）结束标志'\0'并不是输出字符，输出到字符'\0'前面的一个字符为止。

（4）必须使用字符数组名作 printf()函数的输出参数。

视频

常用字符串函数

4.4.3 常用字符串函数

在C语言的库函数中提供了大量有关字符串的函数，在这里介绍常用的几个函数。在使用前面两个字符串输入输出函数时，要包含头文件 stdio.h。在使用后面六个字符串处理函数时，要包含头文件 string.h。

1. puts()函数

语法格式：**puts(字符串)**。

功能：将以'\0'为结束标志的字符串输出到终端。字符串可以是一个字符串常量，也可以是一个已赋值的字符数组变量。例如：

```
char str[20] = "people";
puts(str);
```

执行该函数后，向终端输出字符串“people”。

字符串中可以包含转义字符。若上例中数组初始化为“people\nman”，则使用该函数后会向终端输出下面的结果：

```
people
man
```

2. gets()函数

语法格式：**gets(字符数组名)**。

功能：接收从键盘输入的字符串，并存储到字符数组，以回车键结束。接收的字符串中可包含空格，函数的返回值为字符数组的起始地址。参数必须是字符数组名，例如：

```
gets(str);
```

执行该函数，从键盘输入“Hello!”。数组将得到一个包含7个字符的字符串，字符串的最后面会自动添加结束标志'\0'。

3. strcat()函数

语法格式：**strcat(字符数组,字符串)**。

功能：将字符串连接到字符数组中存放的字符串的后面，并存储在字符数组中。该函数返回字符数组的起始地址。例如：

```
char s1[30] = "Hello ";
char s2[10] = "Jack!";
strcat(s1,s2);
puts(s1);
```

执行时，系统先将数组 s1 后面的'\0'删除，再将数组 s2 中的字符串连接到数组 s1 中的字符串后面，然后在新字符串的后面加上'\0'，重新保存到数组 s1 中，最后输出 s1：

```
Hello Jack!
```

使用时需要注意：字符数组 s1 的长度应该足够大，以便足够存放新字符串。

4. strcmp()函数

语法格式：**strcmp(字符串 1,字符串 2)**。

功能：比较两个字符串的大小。比较两个字符串的大小实际上是比较两个字符串中各个字符的 ASCII 码值。

系统对两个字符串从左到右依次比较两个字符串中对应字符的大小，若相等则继续比较，直到当前两个对应字符不相等，或者其中一个字符串遇到'\0'为止。如果全部字符都相同，则认为两个字符串相等。

如果字符串 1==字符串 2，则函数值为 0；

如果字符串 1>字符串 2，则函数值为 1；

如果字符串 1<字符串 2，则函数值为-1。

当比较两个用字符数组存放的字符串时，参数应该写字符数组名。例如，比较字符数组 s1 中的字符串与一个字符串常量的大小：

```
strcmp(sl, "Good");
```

应当注意的是，不能使用关系运算符比较两个字符串的大小。例如：

```
if (sl>"Good")      /* 错误的语句 */
```

这种写法是错误的，正确的写法是：

```
if (strcmp(sl, "Good")>0)
```

5. strcpy()函数

语法格式：**strcpy(字符数组名,字符串)**。

功能：将字符串复制到字符数组中，函数返回字符数组的起始地址。

在 C 语言中，不能直接将字符串或字符数组用赋值号赋值给一个已定义过的字符数

组。例如,要给已定义的字符数组 str 赋值,不能写成:

```
char str[10];
str = "computer";     /*错误的语句*/
```

只能使用 strcpy()函数来实现赋值:

```
strcpy(str, "computer");
```

6. strlen()函数

语法格式:**strlen(字符串)**。

功能:求字符串的长度,不包括'\0'在内。当参数为字符数组时,要求参数必须使用字符数组名,函数返回值为字符串的长度。例如:

```
char str[10] = "computer";
int length;
length = strlen(str);
```

则 length 的值为字符串的实际长度 8。

7. strlwr()函数

语法格式:**strlwr(字符串)**。

功能:将字符串中的大写字母转换为小写字母。当对象为字符数组时,要求参数必须使用字符数组名。函数返回值为转换后的小写字符串。

8. strupr()函数

语法格式:**strupr(字符串)**。

功能:将字符串中的小写字母转换为大写字母。当对象为字符数组时,要求参数必须使用字符数组名。函数返回值为转换后的大写字符串。

边学边练

【练中学 4-1】 使用筛选法求 100 以内的素数,并按每行 10 个素数的格式把它们打印出来。

【算法设计】 这种筛选法的基本思想是:把 100 以内的自然数从小到大依次排列好,宣布 1 不是素数,把它去掉;然后从余下的数中取走最小的数,宣布它是素数,并去掉它的倍数。在第一步之后,得到素数 2,筛中只包含奇数;第二步之后,得到素数 3;一直做下去,当筛为空时过程结束。

为了标记哪些是筛去的数，哪些是筛中尚存的数，使用了一个字符数组 sieve，每个自然数对应一个数组元素。如果某数被筛选过了，则对应的数组元素就标为 1，否则，标为 0。在程序的开头，先把数组 sieve 的所有元素置为 0。

【程序代码】

```
#include <stdio.h>
#define SIZE 100
#define PWIDTH 10
void main(){
    char sieve[SIZE + 1] = {0};
    int i,n,printcol = 0;
    sieve[0] = 1;
    for(n = 1; n< = SIZE;n ++ )
        if(sieve[n - 1] = = 0){
            printf(" %4d",n);
            if( ++ printcol> = PWIDTH){
                putchar('\n');
                printcol = 0;
            }
            for(i = n;i< = SIZE;i += n)
                sieve[i - 1] = 1;
        }
    if(printcol! = 0)
        putchar('\n');
}
```

【程序运行】

```
   2   3   5   7  11  13  17  19  23  29
  31  37  41  43  47  53  59  61  67  71
  73  79  83  89  97
```

【练中学 4 - 2】 判别用户输入的字符串是否符合 C 语言合法标识符的规定。

【算法设计】 标识符是以英文字母或下画线开头的、包括字母、下画线和数字的任意组合。输入字符串的总长度不超过 255(与机器有关)，输入回车或空格时表示字符串输入完毕。检查输入的字符串是否符合构成标识符的规定，若符合，则输出该标识符；否则，输出出错信息。

【程序代码】

```
#include <stdio.h>
#define NUM 255
void main(){
    int i;
    char c,ident[NUM+1];
    printf("请输入字符串！\n");
    for(i=0;i<NUM;i++){
        if((c=getchar())>='a'&&c<='z'||c>='A'&&c<='Z'||c>='0'&&c<='9'||c=='_')
            ident[i]=c;
        else if(c==' '||c=='\n'){
            i++;
            break;
        }
        else goto error;
    }
    ident[i]='\0';
    if(ident[0]<'0'||ident[0]>'9')printf("标识符为：%s\n",ident);
    if(ident[0]<'A'||ident[0]>'Z'&&ident[0]<'a'&&ident[0]!='_'||ident[0]>'z')
    error: printf("不是标识符！\n");
}
```

【程序运行一】

```
请输入字符串！
fery56↙
标识符为:fery56
```

【程序运行二】

```
请输入字符串！
23dfrt↙
不是标识符！
```

【程序运行三】

```
请输入字符串！
_dabc↙
标识符为:_dabc
```

拓展提升

Josephus 问题

模块四的内容结构如图 4－10 所示。

- 数组
  - 一维数组
    - 数组定义
      - 存储类型 数组类型 数组名［数组长度］
    - 元素引用
      - 数组名［下标］
    - 初 始 化
      - 在定义数组时，对全部数组元素赋初值，例如：
int a[5] = {0,1,2,3,4};
      - 在定义数组时，对部分数组元素赋初值，系统为其余元素赋 0，例如：
int a[5] = {1,2,3};
      - 系统根据初值个数确定数组元素个数，例如：
int a[] = {1,2,3,4,5,6};
  - 二维数组
    - 数组定义
      - 存储类型 数据类型 数组名［第一维长度］［第二维长度］
    - 元素引用
      - 数组名［行下标］［列下标］，例如：
a[0][0] = 3;
    - 初 始 化
      - 按行赋初值，例如：
int a[2][3] = {{1,2,3},{4,5,6}};
      - 按数组元素在内存中排列的顺序对各元素赋初值，例如：
int a[2][3] = {1,2,3,4,5,6};
      - 给部分元素赋初值，例如：
int a[2][3] = {{1},{4}};
      - 数组初始化时，第一维长度可省，第二维长度不能省，例如：
int a[][3] = {1,2,3,4,5,6,7};
  - 字符数组
    - 基本概念
      - 用来存放字符串的数组。字符数组的每个元素存放一个字符。字符串以'\0'结尾
    - 数组初始化
      - 用字符常量赋初值，例如：
char c[5] = {'C','h','i','n','a'};
      - 用字符串常量赋初值，例如：
char str[10] = "a string";

图 4－10 模块四的内容结构

强化练习

4-1 选择题

1. 以下数组定义中不正确的是(　　)。

A) int a[2][3];　　B) int b [2,3]={0,1,2,3};

C) int c[100][100]={0};　　D) int b[][3] ={{0,1},{2,3}};

2. 下列描述中不正确的是(　　)。

A) 字符型数组中可以存放字符串

B) 可以对字符型数组进行整体输入、输出

C) 可以对整型数组进行整体输入、输出

D) 不能通过赋值运算符对字符型数组进行整体赋值

3. 下列定义语句中,错误的是(　　)。

A) char c1[]="china";

B) char str[5]={'c','h','i','n','a'};

C) char str[5]={'c','h','i','n','a','\0'};

D) char str[]={'c','h','i','n','a','\0'};

4. 设有数组定义“char array[]="pascal";”,则数组 array 所占的存储空间为(　　)。

A) 4B　　B) 5B　　C) 6B　　D) 7B

5. 假定 int 类型变量占用 2B,有定义“int x[10]={0,2,4};”,则数组 x 在内存中所占字节数是(　　)。

A) 3B　　B) 6B　　C) 10B　　D) 20B

6. 下列程序执行后的输出结果是(　　)。

```
#include <stdio.h>
void main(){
    int a[4][4] = {{1,3,5},{2,4,6},{3,5,7}};
    printf("%d%d%d%d",a[0][3],a[1][2],a[2][1],a[3][0]);
}
```

A) 0650　　B) 1470

C) 5430　　D) 输出值不确定

7. 下列程序执行后的输出结果是(　　)。

```
#include <stdio.h>
void main(){
    char ch[7] = {"65ab21"};
```

```
    int i,s = 0;
    for(i = 0;ch[i]> ='0'&&ch[i]< ='9';i += 2)
        s = 10 * s + ch[i] - '0';
    printf("%d\n",s);
}
```

A) 2ba56　　B) 6521　　C) 6　　D) 62

8. 下列程序运行后，如果从键盘上输入

book↙
book ↙

则输出的结果是(　　)。

```
#include <stdio.h>
#include <string.h>
void main(){
    char a1[80],a2[80];
    gets(a1);gets(a2);
    if (!strcmp(a1,a2)) printf("*");
    else printf("#");
    printf("%d\n",strlen(strcat(a1,a2)));
}
```

A) *8　　B) #9　　C) #6　　D) →9

9. 下列程序执行后的输出结果是(　　)。

```
#include <stdio.h>
void main(){
    int y = 18,i = 0,j,a[8];
    do{
        a[i] = y%2;i++;
        y = y/2;
    }while(y> = 1);
    for(j = i-1;j> = 0;j--) printf("%d",a[j]);
    printf("\n");
}
```

A) 10000　　B) 10010　　C) 00110　　D) 10100

10. 下列程序执行后的输出结果是(　　)。

```
#include <stdio.h>
#include "string.h"
void main(){
    char arr[2][4];
    strcpy(arr[0],"You");strcpy(arr[1],"me");
    arr[0][3]='&';
    printf("%s\n",arr);
}
```

A) You & me　　B) You　　C) me　　D) err

4-2 填空题

1. 下列程序执行后的输出结果是________。

```
#include "string.h"
#include <stdio.h>
void main(){
    char b[30];
    strcpy(&b[0],"CH");
    strcpy(&b[1],"DEF");
    strcpy(&b[2],"ABC");
    printf("%s\n",b);
}
```

2. 下列程序中字符串的各单词之间有一个空格,则程序的输出结果是________。

```
#include "string.h"
#include <stdio.h>
void main(){
    char spp[] = "How do you do?";
    strcpy((spp + strlen(spp)/2),"yyy");
    printf("%s\n",spp);
}
```

3. 下列程序执行后的输出结果是________。

```
#include <stdio.h>
void main(){
    char st[20] = "hello\0\t\\";
    printf(" %d %d \n",strlen(st),sizeof(st));
}
```

4-3 实训题

1. 若有定义“int a[2][3]={{1,2,3},{4,5,6}};”,试编程将数组 a 的行和列的元素互换后存到二维数组 b[3][2]中。
2. 从键盘输入两个字符串给 a 和 b,要求不用库函数 strcat(),把 b 的前 5 个字符连接到字符串 a 中的字符串后;如果 b 的长度小于 5,则把 b 的所有元素都连接到 a 中的字符串后,试编程实现。
3. 试编程实现:定义一个含有 30 个整型元素的数组,按顺序依次赋予从 2 开始的偶数,然后按顺序每五个数求出一个平均值,放在另一个数组中并输出。
4. 试编程实现:通过循环为一个 5×5 的二维数组 a 赋 1~25 的自然数,然后输出该数组的左下半三角。
5. 试编程实现:从键盘输入 50 个整数,其值在 0~4 的范围内,用-1 作为输入结束的标志。统计每个整数的输入次数。
6. 试编程实现:从键盘输入一个字符串 a,并在字符串 a 中的最大元素后边插入字符串 b。

文本

参考答案
(模块四)

模块五　模块化程序设计训练

能力目标

(1) 掌握函数的定义方法及各种函数的调用方法；
(2) 掌握函数的形参、实参，以及函数调用时函数参数间的值传递和地址传递；
(3) 了解嵌套调用、递归调用、函数的存储属性；
(4) 理解局部变量和全局变量，以及函数和局部变量、全局变量之间的关系。

知识准备

〖引例任务〗 使用函数调用，求多个数的平均值。
〖程序代码〗

```
#include <stdio.h>
#define N 5
float aver(int b[],int n);
void main(){
    int i,a[5];
    float ave;
    printf("请输入五个整数:\n");
    for(i=0;i<N;i++)
        scanf("%d",&a[i]);
    ave=aver(a,N);
    printf("\n平均值为:%4.2f\n",ave);
}
float aver(int b[],int n){
    int i;
```

```
    float s = 0;
    for(i = 0;i<n;i ++ )
        s += b[i];
    return s/n;
}
```

〖程序运行〗

```
请输入五个整数:
5␣6␣7␣8␣9␣2↙
平均值为:7.00
```

〖引例解析〗 从引例可以看到,求平均值的功能在函数 aver()中得以实现,在主程序中调用这个函数实现了对给定数据平均值的求解。

〖知识点〗

这种程序设计方法体现了模块化的思想,一个函数实现一个独立功能。模块化的程序设计,使得程序结构清晰,便于维护,可读性强。在函数定义和调用中涉及的知识点有:

函数声明:在调用函数之前,声明所要调用的函数的返回类型、函数名、函数的参数个数及参数类型。

函数定义:根据用户需要将完成某项特定功能的代码写成一个函数,如引例中的aver()。

函数调用:在程序中使用已存在的函数。

形参:在定义有参函数时,函数声明中的参数称为形参。

实参:在函数调用时,写在函数名后面括号中的参数称为实参。

数组名作函数参数:数组名作函数参数时,把实参数组的首地址传递给形参数组。

本模块的主要内容是学习函数定义和调用,函数参数以及参数传递,函数的嵌套调用,函数的递归调用以及变量的作用域。

5.1 函数的定义及调用

视频

函数定义

当用户需要利用函数来完成某项特定功能,又没有相应的库函数可以使用时,就可以自己定义函数来完成此项功能。

5.1.1 函数的定义

〖做中学 5-1〗 定义一个函数,求两个整型数中的较大值。

〖程序代码〗

```
int max(int a,int b) {      /* 函数 max()返回类型为整型,有两个整型形参 */
    int m;                  /* 定义该函数的局部变量 */
    m = a>b? a:b;
    return m;               /* 该语句将 m 作为函数的返回值返回 */
}
```

〖知识点〗

(1) 有参函数定义的语法格式为:

extern/static 返回数据类型 函数名 (数据类型 形参 1,数据类型 形参 2,…){
说明部分
语句
}

extern/static 只能取其中之一,如无说明,默认为 extern。

返回数据类型是函数返回值的类型。当返回值为 int 类型时,返回数据类型可以省略。函数名是由用户定义的标识符。形参说明部分用以说明形式参数的类型。{ }中的内容称为函数体,在函数体中也有类型说明。

(2) 无参函数定义的语法格式为:

extern/static 返回数据类型 函数名( ){
说明部分
语句
}

无参函数通常用来完成一项指定的功能,函数没有参数。例如:

```
void welcome(){
    printf("\nWelcome to China!\n");
}
```

(3) 空函数。C 语言允许定义一个空函数,即函数什么也不做。例如:

```
void empty(){
}
```

一般在程序设计初期阶段只设计基本框架,可将一些函数定义为空函数,细节和功能等程序设计后期再完善。这样便于扩充程序的新功能,又不会影响程序的结构。

在C语言程序中，函数要先声明后调用，而函数的定义可以放在任意位置。函数定义既可放在主函数 main()之前，也可放在 main()之后，但不能放在 main()函数之内。

（4）函数的返回值。函数调用结束后向调用者返回一个执行结果，该结果称为函数的返回值(也称函数的值)。函数的返回值是通过 return 语句返回的，在被调用函数中 return 语句将一个确定值返回给调用函数。return 语句的一般形式为：

return 表达式;

或者

return (表达式);

该语句的功能是计算表达式的值，并返回给调用函数。

在函数中允许有多个 return 语句，但只能有一个 return 语句被执行，只能返回一个函数值。如果函数有返回值，就必须指定函数的返回值的类型。如果定义函数时没有指定函数的类型，将自动定义为 int 型。如果函数不需返回任何值，函数类型可定义为 void 类型。一般地，定义函数的类型与 return 语句后表达式的类型保持一致。如果两者不一致，则以函数定义类型为准，系统自动进行类型转换，即函数的数据类型将决定函数返回值的数据类型。

不能在函数体内定义其他函数，即函数不能嵌套定义。

5.1.2 函数的调用

〖做中学 5-2〗 使用函数求三个数的平均值。

〖程序代码〗

```
#include <stdio.h>
float average(float ,float ,float );        /* 函数声明 */
void main(){
    float a = 1.0f,b = 2.0f,c = 3.0f,m;
    m = average(a,b,c);
    printf("average = %f",m);
}
float average(float x,float y,float z){
    float ave;
    ave = (x + y + z)/3.0f;
    return ave;
}
```

〖知识点〗

(1) 函数调用的形式为：

函数名(实参列表)；

在C语言中，函数调用也可用作一个表达式，因此凡是表达式可以出现的地方都可以出现函数调用。调用有参函数，必须给出实参列表，实参列表中的数据在类型、顺序、个数上应该与形参严格一致；如果是无参函数，就没有实参列表，但调用无参函数时函数名后的圆括号不能省略。

(2) 函数声明。被调用函数必须是已经存在的函数(库函数或自定义函数)；调用库函数时必须在文件开头使用#include命令将其相应的头文件包含进来；如果要调用用户自定义函数，在调用之前必须对其进行显式声明；函数的声明位置，可以在调用函数之内声明，也可在程序开始处声明。如果程序中一个函数被多个函数调用，可在程序开始处进行函数声明。

在调用函数中对被调用函数进行声明，目的是使编译系统知道被调用函数返回值的类型、函数名，以及形参的类型、个数，以便在调用函数中按类型对返回值作相应的处理。函数的声明格式为：

返回数据类型 被调用函数名(数据类型1 形参1，数据类型2 形参2，…，数据类型n 形参n)；

或者为：

返回数据类型 被调用函数名(数据类型1，数据类型2，…，数据类型n)；

在以下几种情况时，可以省略对被调用函数的函数声明：

① 当被调用函数的函数定义出现在它的调用函数之前时，可以不对被调用函数再声明而直接调用。

② 因为库函数的函数声明就在其头文件中，所以调用库函数时不需要再声明，只把该函数的头文件用include命令包含在源文件前面即可。

(3) 函数的调用方式和库函数一样，自定义函数通常也有以下三种调用方式：

① 直接使用函数名。调用格式为“函数名()；”，例如：

```
welcome();
```

② 函数调用出现在表达式中。调用格式为“变量名=函数名(实参列表)；”，例如：

```
m = average(a,b,c);
```

③ 函数调用还可作为函数参数。例如：

```
printf("average = %f",average(a,b,c));
```

5.1.3 函数的参数传递

有参函数定义时,函数声明中的参数称为形式参数(简称为形参)。形式参数可以是各种类型的变量,各参数之间用逗号隔开。在函数调用时,写在函数名后面括号中的参数,称为实际参数(简称为实参)。实参可以是常数,变量或表达式,各实参之间用逗号分隔。

1. 形参与实参

〖做中学 5-3〗 定义一个函数,该函数的功能是求 $\sum_{i=1}^{10} i$ 的值。

〖程序代码〗

```
#include <stdio.h>
int sum(int);                /* 函数声明 */
void main(){
    int n = 10,retun;
    retun = sum(n);          /* 调用函数 sum(),把实参 n 的值传递形参 n */
    printf("1 + 2 + … + %d = %d\n",n,retun);
    printf("形参 n 改变后实参 n 的值: %d\n",n);
}
int sum(int n) {             /* 定义函数 sum() */
    int i,s = 0;
    for (i = 1;i< = n;i ++)
        s += i;
    n += 10;
    printf("形参 n 加 10 后的值: %d\n",n);
    return s;
}
```

〖程序运行〗

```
形参 n 加 10 后的值: 20
1 + 2 + … + 10 = 55
形参 n 改变后实参 n 的值: 10
```

〖程序解析〗 本例的形参变量和实参变量的标识符都为 n,但这是两个不同的变量,各自的作用域不同,只在各自的函数内有效,占用不同的内存单元。

从运行情况看，实参 n 的值为 10，把此值传给 sum()时，形参 n 的初值也变为 10。在执行函数 sum()过程中，执行语句“n+=10;”使形参 n 的值变为 20。返回主函数之后，输出实参 n 的值仍为 10。由此可见，实参的值不随形参的变化而变化。

〖知识点〗

形参和实参的功能是传送数据。函数调用时，调用函数把实参的值传送给形参，实现调用函数向被调用函数的数据传送。函数的形参和实参具有以下特点：

(1) 形参变量只有在函数调用时才分配存储单元，在调用结束后，即刻释放所分配的存储单元。因此，形参只有在函数内部有效。

(2) 无论实参是何种类型的变量，在进行函数调用时，它必须具有确定的值，以便把这些值传送给形参。

(3) 实参和形参在数量、类型、顺序上应严格一致，否则会发生“类型不匹配”的错误。

函数调用中发生的数据传送是单向的，即只能把实参的值传送给形参，而不能把形参的值反向传送给实参。

2. 数组作为函数参数

〖做中学 5-4〗 数组 a 中存放了一个学生 5 门课程的成绩，求平均成绩。

〖程序代码〗

```
#define N 5
#include <stdio.h>
float aver(float a[],int n) {            /*n表示形参数组要处理的元素个数*/
    int i;
    float s=0;
    printf("\n形参——输出某学生%d门课程的成绩:\n",N);
    for (i=0;i<n;i++)
        printf("%4.1f ",a[i]);
    for (i=0;i<n;i++)
        s+=a[i];
    printf("\n形参——输出修改之后某学生%d门课程的成绩:\n",N);
    for (i=0;i<n;i++) {
        a[i]+=10;
        printf("%4.1f ",a[i]);
    }
    return s/n;
```

```
}
void main(){
    int i;
    float score[N] = { 34.5f,67.8f,88f,93f,78f},ave;
    printf("实参——输出某学生%d门课程的成绩:\n",N);
    for(i = 0;i<N;i ++ )
        printf(" %4.1f ",score[i]);
    ave = aver(score,N);
    printf("\n实参——输出函数调用之后某学生%d门课程的成绩:\n",N);
    for(i = 0;i<N;i ++ )
        printf(" %4.1f ",score[i]);
    printf("\n平均成绩为:%4.2f\n",ave);
}
```

【程序运行】

```
实参——输出某学生5门课程的成绩:
34.5 67.8 88.0 93.0 78.0
形参——输出某学生5门课程的成绩:
34.5 67.8 88.0 93.0 78.0
形参——输出修改之后某学生5门课程的成绩:
44.5 77.8 98.0 103.0 88.0
实参——输出函数调用之后某学生5门课程的成绩:
44.5 77.8 98.0 103.0 88.0
平均成绩为:72.26
```

【程序解析】 函数aver()的形参为数组a,包含的元素个数为n;主函数中实参为数组score,长度为5。在调用时将实参score、N的值传递给形参a、n,函数aver()的主要功能是求平均值。从运行结果可以看出,实参数组和形参数组为同一数组,改变形参数组a的各元素的值也就是改变实参数组score的各元素的值。

在调用函数时需注意以下几点:

(1) 形参数组和实参数组的类型必须一致,否则将出现错误。

(2) 形参数组和实参数组的长度可以不相同,因为在调用时,只传送首地址而不检查形参数组的长度。

(3) 在函数形参表中,可以不给出形参数组的长度,用另一个形参变量来表示数组元素的个数。例如“float aver(float a[],int n)”,形参数组a不给出长度,由n值动态地表示数组的长度。

〖知识点〗

数组可以用作函数的参数，进行数据传送。数组用作函数参数时有两种使用形式：

(1) 数组元素作为参数使用。数组元素与普通变量并无区别。在发生函数调用时，把实参数组元素的值传送给形参，实现单向的值传送。

(2) 数组名作为函数的形参和实参使用。数组名作函数参数时，把实参数组的首地址传递给形参数组。形参数组取得该首地址之后，它和实参数组为同一数组，共用一段存储空间。在发生参数传递时，如果形参的值改变了，返回到调用函数时，实参数组的值也发生了改变。

5.2 函数的嵌套调用

C语言不允许函数嵌套定义，各函数之间是独立平行的，但是C语言允许函数嵌套调用。

〖做中学5-5〗 编程计算1－1/2＋2/3－3/4＋4/5－…。

〖算法设计〗 总结所求表达式的规律，第一项为加1，从第二项开始偶数项为“－1.0 * (p－1)/p”，奇数项为“1.0 * (p－1)/p”。为了方便，定义两个函数来实现，一个函数add(int k)用来计算前k项之和，在add()中又调用一个函数get_num()，此函数用来计算每次所加项的值。

〖程序代码〗

```
#include <stdio.h>
float add(int);
float get_num(int);
void main(){
    int n = 7;
    printf("计算结果如下：%5.2f\n",add(n));
}
float add(int k){
    float x,sum = 0;
    int i;
    for(i = 0;i<k;i++){
        x = get_num(i + 1);
        sum += x;
    }
    return sum;
```

```
}
float get_num(int p){
    if (p==1)
        return 1.0f;
    if (p%2)
        return 1.0f*(p-1)/p;
    else
        return -1.0f*(p-1)/p;
}
```

【程序运行】

计算结果如下：1.24

【程序解析】 本例中定义了两个函数 add()和 get_num()。主函数中调用 add()，并传递参数 n 给形参 k。函数 add()中又调用 get_num()函数 k 次，得到 k 个值，并将得到的值相加。这就是典型的嵌套调用。

【知识点】

函数的嵌套调用：在被调用的函数中又调用另外一个函数。

函数嵌套调用的过程如图 5-1 所示，在函数 main()中调用了函数 f1()，而在函数 f1()中又调用了函数 f2()。函数在执行过程中，层层调用，层层返回。

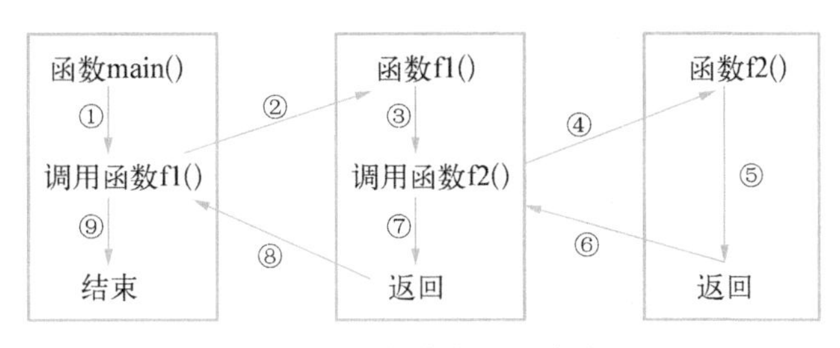

图 5-1 函数嵌套调用的过程

函数嵌套调用的执行过程如下(执行顺序：①②③④⑤⑥⑦⑧⑨)：

(1) 程序从函数 main()开始执行。

(2) 当函数 main()执行到调用函数 f1()的语句时，程序转去执行函数 f1()。

(3) 在执行函数 f1()时，遇到调用函数 f2()的语句，程序转去执行函数 f2()。

(4) 函数 f2()执行完毕后，返回函数 f1()中调用函数 f2()的地方，继续执行后面的语句。

(5) 函数 f1()执行结束后，返回到主调用函数 main()中调用函数 f1()的地方，继续执行后面的语句,直到函数结束。

5.3 函数的递归调用

一个函数直接地或间接地调用它自身称为函数的递归调用,这种函数称为递归函数。C语言允许函数的递归调用,在递归调用中,调用函数即是被调用函数,执行递归函数将反复调用其自身。

〖做中学5-6〗 用递归函数来实现求“n!=n×(n−1)×(n−2)×(n−3)×…×2×1”。

〖算法设计〗

分析算术表达式,可理解为:$n! = \begin{cases} 1, & n=0 \\ 1, & n=1 \\ n(n-1)!, & n>1 \end{cases}$

〖程序代码〗

```
#include <stdio.h>
long fac(int k){
    printf("求%d! ->",k);
    if (k==0||k==1)          /*递归结束条件*/
        return 1;
    else
        return k*fac(k-1);
}
void main(){
    int n;
    printf("请输一个正整数n:");
    scanf("%d",&n);
    printf("\n计算结果如下:%ld\n",fac(n));
}
```

〖程序运行〗

```
请输一个正整数n:8↙
求8! ->求7! ->求6! ->求5! ->求4! ->求3! ->求2! ->求1! ->
计算结果如下:40320
```

〖程序解析〗

递推过程:

欲求 8!,知 8!=8*7!,求 7!;欲求 7!,知 7!=7*6!,求 6!;欲求 6!,知 6!=6*5!,求 5!;欲求 5!,知 5!=5*4!,求 4!;欲求 4!,知 4!=4*3!,求 3!;欲求 3!,知 3!=3*2!,求 2!;欲求 2!,知 2!=2*1!,求 1!。

回推过程:

1!已知,返回 1;由 2*1!得出 2!,返回 2;由 3*2!得出 3!,返回 6;由 4*3!得出 4!,返回 24;由 5*4!得出 5!,返回 120;由 6*5!得出 6!,返回 720;由 7*6!得出 7!,返回 5040;由 8*7!得出 8!,返回 40320。

函数递归调用过程如图 5-2 所示。

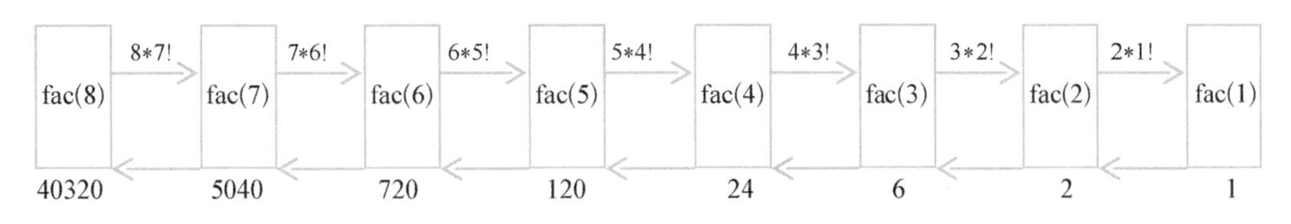

图 5-2 函数递归调用过程

通过本例可知:一个递归过程分为"递推"和"回推"两个过程。为了防止递归调用无终止地进行,在函数内必须有终止递归调用的方法。常用的办法是加条件判断,满足某种条件后就不再作递归调用,然后逐层返回。本例中的"1!=1"就是递归结束条件。

5.4 局部变量和全局变量

函数中的变量按照作用域(即指变量在程序中的有效范围),可以分为局部变量和全局变量。

5.4.1 局部变量

局部变量也称为内部变量,它是在函数内部定义的。其作用域仅限于函数内,离开定义它的函数后再使用该变量就是非法的。

main()函数中定义的变量也只能在 main()函数中使用,不能在其他函数中使用。同时,main()函数中也不能使用其他函数中定义的变量,因为 main()函数也是一个函数,它与其他函数是平行关系。

形参变量也是局部变量,它只能在定义该变量的函数内有效。

允许在不同的函数中使用相同的变量名,因为它们代表着不同的对象,分配有不同的存储单元,互不干扰。

在复合语句中定义的变量,其作用域只在复合语句范围内有效。例如:

函数 f1()和函数 main()中均有局部变量 a、b,但它们的作用域不同,只在定义自己的函数内部有意义,编译时分配有不同的存储单元,所以不会相互干扰。

```
float f1(int a){
    int b=3,c=9;                  /*形参变量a、局部变量b和c的作用域*/
    …
}
char f2(int x1,float x2){
    int i,j;                      /*形参变量x1和x2、局部变量i和j的作用域*/
    …
}
void main(){
    int a,b;                      /*局部变量a,b的作用域*/
    …
}
```

视频

全局变量

5.4.2 全局变量

全局变量也称为外部变量或全程变量，是在函数外部定义的变量。它不属于某一个函数，而属于一个源程序文件。其作用域是从定义变量的位置开始到源文件结束。例如：

```
int a,b;                          /*定义全局变量a、b*/
float f1(int a){
    int b,c;                      /*局部变量a、b、c的作用域*/
    …
}
int x,y;                          /*定义全局变量x、y*/
char f2(int x1,float x2){
    int i,j;                      /*局部变量x1、x2、i、j的作用域*/
    …
}
void main(){
    int m,n;                      /*局部变量m、n的作用域*/
    …
}
```

全局变量a、b的作用域

全局变量x、y的作用域

1. 全局变量的作用域

同一文件中如果全局变量和局部变量同名时，函数内局部变量有效，此时全局变量被屏蔽；函数之外，全局变量有效。

若在文件开头定义全局变量，则全程有效；如果不在文件开头定义，又想在定义点之前使用该全局变量，只要在函数中用 extern 进行声明，即可对该变量的作用域进行扩充。例如：

```
extern int x,y;                               ↑
float f1(int a) {                             |
    int b = 3,c = 9;                          |
    …                                         |
}                                             |  x、y 的新作用域
int x,y;                 ↑                    |
void main(){             |                    |
    int a,b;             |  x、y 的原作用域    |
    …                    |                    |
}                        ↓                    ↓
```

局部变量的定义和声明是同一个概念，不加区分；全局变量只能定义一次，但可多次声明。全局变量声明可出现在函数之外，也可出现在函数之内，定义时可赋初值，但声明时不能赋初值，只能表明在该范围内要使用全局变量。声明的一般格式为：

extern 数据类型 变量名表;

〖做中学 5-7〗 编写程序，输入两个数，调用函数找出较大值。

〖程序代码〗

```
#include <stdio.h>
int max(int x,int y){
    int z;
    if (x>y)
        z = x;
    else
        z = y;
    return z;
}
void main(){
    extern a,b;                /* 全局变量声明 */
    printf("max = %d\n",max(a,b));
}
int a = 2,b = 4;               /* 定义全局变量 */
```

〖程序运行〗

```
max = 4
```

变量声明和变量定义的区别：变量定义即给变量分配存储单元，变量声明只是说明变量的性质，并不分配存储空间。

2. 全局变量的应用

一般情况下，函数的返回值只有一个，通过全局变量，函数可返回多个值。

〖做中学 5－8〗 分别求长方体的体积及三个面的面积。

〖程序代码〗

```
#include <stdio.h>
int s1,s2,s3;
int vs(int a,int b,int c){
    int v;
    v=a*b*c;
    s1=a*b;
    s2=b*c;
    s3=c*a;
    return v;
}
void main(){
    int v,l=7,w=8,h=9;
    v=vs(l,w,h);
    printf("体积：%d  三个面的面积：%d  %d  %d\n",v,s1,s2,s3);
}
```

〖程序运行〗

```
体积：504 三个面的面积：56 72 63
```

〖程序解析〗 程序中定义了三个全局变量 s1、s2、s3，用来存放三个面的面积，其作用域为整个程序。函数 vs()用来求长方体体积和三个面的面积，函数的返回值为体积。由主函数调用 vs()函数输出结果。

如果没有全局变量，函数 vs()返回值只有一个 v。本例中，因为 s1、s2、s3 是全局变量，所以在函数 vs()中求得的 s1、s2、s3 的值，在函数 main()中仍然有效。这样，使用全局变量在调用函数后可获得多个值。

从上例可看出，全局变量可加强函数模块之间的数据联系，是函数之间实现数据通信的有效手段。但外部变量又会带来一定的副作用，程序中函数要依赖这些变量，增加了函数的依赖性，降低了函数的独立性，给程序设计、调试、排错、维护带来了一定困难；并且全局变量在程序的运行期间都占用固定的存储空间，而不是仅在需要时才分配存储空间。因此尽量不要使用全局变量。

5.5 动态存储变量和静态存储变量

根据变量的作用域不同，可以将变量分为全局变量和局部变量。如果从变量的存在时间来区分，可以分为静态存储变量和动态存储变量。

静态存储变量通常是在变量定义时就分配存储单元并一直存在，直至整个程序结束。动态存储变量是在程序执行过程中，临时分配存储单元，使用完毕立即释放所占用的存储单元。

在C语言中，每一个变量和函数都有两个属性：数据类型和存储类型。所以对于一个变量不仅应说明其数据类型，还应说明存储类型。因此变量说明的完整形式如下：

存储类型 数据类型 变量名表

在C语言中，变量的存储类型说明有4种：自动变量(auto)、寄存器变量(register)、外部变量(extern)和静态变量(static)。自动变量和寄存器变量属于动态存储方式，外部变量和静态变量属于静态存储方式。

5.5.1 自动变量

自动变量为局部变量，说明符为auto。自动变量是C语言程序中使用最广泛的一种存储类型。C语言规定，自动变量可省去说明符auto，未加存储类型说明的变量均为自动变量。

自动变量具有以下特点：

(1) 自动变量的作用域仅限于定义该变量的区域内。在函数中定义的自动变量，只在该函数内有效。在复合语句中定义的自动变量只在该复合语句中有效。

(2) 自动变量属于动态存储方式。只有在定义它的函数被调用时，才分配存储单元，开始它的生存期；函数调用结束，就释放存储单元，结束生存期。因此函数调用结束之后，自动变量的值不能保留。在复合语句中定义的自动变量，在复合语句外也不能使用。

(3) 由于自动变量的作用域和生存期都局限于定义它的区域(函数或复合语句)内，因此不同的区域中允许使用同名的自动变量。在函数内定义的自动变量也可与该函数内复合语句中定义的自动变量同名。

(4) 函数的形参属于自动变量。

5.5.2 外部变量

外部变量是全局变量，说明符为extern。编译时将外部变量分配在静态存储区。外部变量有以下几个特点：

(1) 外部变量和全局变量是对同一类变量的两种不同角度的提法。全局变量是从它的作用域提出的，外部变量从它的存储方式提出的，表示了它的生存期。

（2）当一个源程序由若干个源文件组成时，在一个源文件中定义的外部变量在其他的源文件中也有效。

5.5.3 静态变量

静态变量属于静态存储方式，说明符为 static。静态变量的存储空间在程序的整个运行期间是固定的，而不像动态变量那样在程序的执行过程中动态地建立、动态地撤销。

属于静态存储方式的变量不一定就是静态变量。例如，外部变量虽属于静态存储方式，但不一定是静态变量，必须用 static 加以定义后才能成为静态全局变量，或称全局静态变量。

1. 静态局部变量

定义局部变量时，前面加了 static 说明符，定义的变量就是静态局部变量。静态局部变量属于静态存储方式，它具有以下特点：

① 静态局部变量在函数内定义，它不像自动变量那样：执行开始时建立、执行结束就撤销，静态局部变量在程序的执行过程中始终存在，也就是说它的生存期为整个源程序。

② 静态局部变量的生存期虽然为整个源程序，但其作用域仍与自动变量相同，即只能在定义该变量的函数内使用该变量，退出该函数后，尽管该变量还继续存在，但不能使用它。

③ 对于基本类型的静态局部变量，若在说明时未赋初值，系统自动赋予 0 值。而自动变量若不赋初值，其值是不确定的。

④ 对于基本类型的静态局部变量，只在第一次调用时初始化，以后调用不再初始化。

〖做中学 5-9〗 编写程序，通过调用函数分析动态局部变量与静态局部变量的不同。

〖程序代码〗

```
#include <stdio.h>
int fun(int a){
    auto int b = 3;        /* 定义动态局部变量 */
    static int c = 3;      /* 定义静态局部变量 */
    b = b + 1;
    c = c + 1;
    printf("动态局部变量 b 的值: %d\t",b);
    printf("静态局部变量 c 的值: %d\t",c);
    return(a + b + c);
}
void main(){
    int a = 2,i;
    for(i = 0;i<3;i ++ )
        printf("第 %d 次调用的值: %d\n",i + 1,fun(a));
}
```

【程序运行】

```
动态局部变量b的值:4    静态局部变量c的值:4    第1次调用的值:10
动态局部变量b的值:4    静态局部变量c的值:5    第2次调用的值:11
动态局部变量b的值:4    静态局部变量c的值:6    第3次调用的值:12
```

2.静态全局变量

定义全局变量时,前面加说明符static,定义的变量就是静态全局变量。全局变量本身就是静态存储方式,静态全局变量当然也是静态存储方式,这两者在存储方式上并无不同。

两者的区别在于:全局变量的作用域是整个源程序,当一个源程序由多个源文件组成时,全局变量在各个源文件中都是有效的,只要在该文件中对它用extern进行声明即可使用。而静态全局变量则限制了其作用域,即只在定义该变量的源文件内有效,在同一源程序中的其他源文件不能使用它。

因此可以看出,把局部变量改变为静态变量后,就改变了它的存储方式,即改变了它的生存期;把全局变量改变为静态变量后,就改变了它的作用域,限制了它的使用范围。因此static这个说明符在不同的地方所起的作用是不同的,应予以注意。

5.5.4 寄存器变量

上述各类变量都存放在内存中,当对一个变量频繁使用时,要花费大量的存取时间。C语言提供了另一种变量,它存放在CPU的寄存器中,即寄存器变量,它的说明符是register。它与自动变量具有完全相同的性质。当一个变量使用频率较高时可定义为寄存器变量,这样可提高效率。对于循环次数较多的循环控制变量及循环体内反复使用的变量,均可定义为寄存器变量。

【做中学5-10】 求$\sum_{i=1}^{200} i$。

【程序代码】

```
#include <stdio.h>
void main(){
    register int i,s = 0;
    for (i = 1;i< = 200;i ++ )
        s = s + i;
    printf("s = %d\n",s);
}
```

【程序运行】

```
s = 20100
```

〖程序解析〗 本程序循环200次，i和s都将频繁使用，因此可定义为寄存器变量。

〖知识点〗

只有局部自动变量和形式参数才可以定义为寄存器变量。因为寄存器变量属于动态存储方式，所以需要采用静态存储方式的变量不能定义为寄存器变量。

即使能使用寄存器变量，由于CPU中寄存器的个数是有限的，因此寄存器变量的个数也是有限的。

用auto、register、static声明变量时，是在定义变量数据类型的基础上加上这些关键字，不能单独使用。

5.6 外部函数和内部函数

根据在一个源文件内的函数能否被其他源文件调用，将函数分为内部函数和外部函数。

5.6.1 内部函数

如果在一个源文件中定义的函数只能被本文件中的函数调用，而不能被同一源程序的其他文件中的函数调用，这种函数称为内部函数。定义内部函数的一般形式为：

static 返回数据类型 函数名(形参表){…}

例如：

```
static int fun(char y){…};
```

当由多人共同编写一个软件时，使用内部函数，不同的人就可以编写不同的源文件，而不必担心所使用的函数名相同造成相互干扰。

5.6.2 外部函数

外部函数在整个源程序中都有效。

〖做中学5-11〗 一个源程序包含三个源文件，分别为file1.c、file2.c和file3.c。

〖程序代码〗

```
/********file1.c ********/
extern input_string(char []),print_string(char []); /*声明调用外部函数*/
void main(){
    char stri[10];
    input_string(stri);
    print_string(stri);
}
/********file2.c ********/
#include <stdio.h>
```

```
extern void input_string (char str[]){
    printf("请输入一个字符串:");
    gets(str);
}
/********file3.c ********/
#include <stdio.h>
extern void print_string (char str[]){
    printf("你输入的字符串是:%s\n",str);
}
```

将这三个文件分别编译生成目标文件，然后连接起来得到一个可执行文件（建议用Visual Studio 环境）。

【程序运行】

```
请输入一个字符串：abcd efg↙
你输入的字符串是：abcd efg
```

【程序解析】 在file1.c 中，要调用其他文件中定义的外部函数 input_string()和 print_string()，必须要在调用之前用 extern 声明函数 input_string()和 print_string()为外部函数。

【知识点】

(1) 定义外部函数的一般形式为：

extern 返回数据类型 函数名(形参表){…}

例如：

```
extern float f1(int a,long b){…};
```

如在函数定义中没有说明 extern 或 static，则默认为 extern。

(2) 在一个源文件的函数中调用其他源文件中定义的外部函数时，要用 extern 说明被调用函数为外部函数。例如：

```
extern input_string(char []),print_string(char []);
```

5.7 编译预处理

ANSI C 规定 C 语言程序中可以加入一些预处理命令，以提高编程效率。如#include、#define 等就是预处理命令，它们均以符号“#”开头，末尾不加分号，以区别于C 语句。

C编译系统在编译一个程序前，如果源程序中有预处理命令，则首先进行编译预处理。例如，若程序中用#define命令定义一个符号常量N，则在预处理时将程序中所有的N用指定的字符串替换。预处理命令的位置一般在整个源程序文件的最前面。预处理功能一般包括：宏定义、文件包含和条件编译。预处理语句的作用范围是从被定义语句开始到被解除定义或包含它的文件结束为止。

5.7.1 宏定义

用一个指定的标识符来代表一个字符串，这个标识符称为宏名。在编译预处理时，会将程序中与宏名相同的标识符都替换成它所代表的字符串，这个过程就是宏展开（也称宏替换）。

宏定义与变量定义不同，宏定义只是在编译预处理时作简单的字符串替换，并不需要系统分配内存空间；而变量定义则会在编译时得到系统分配的内存空间。宏定义有两种形式：不带参数的宏定义和带参数的宏定义。

1. 不带参数的宏定义

不带参数的宏定义的一般形式为：

#define 宏名 字符串

宏名的标识符习惯上用有意义且易理解的大写字母来表示。宏定义一般写在源文件开头函数体的外面，它的作用域是从定义宏语句#define开始到终止宏定义语句#undef为止，否则其作用域将一直到源文件结束。例如：

```
# define Radium 732.124
```

该语句的作用是用宏名Radium来代表732.124。在编译预处理时，将该语句之后所有的Radium都自动用732.124来替换，即进行宏展开。实际上这就是前面讲述的符号常量的定义形式。

说明：

（1）对于程序中写在双引号中的字符串，即使与宏名相同，也不对其进行置换。如果程序中有以下语句：

```
printf("Radium = ",Radium);
```

预处理时，只对第二个Radium进行置换，而对第一个双引号中的Radium，并不置换。

（2）编译预处理只对宏作简单的替换工作，并不作正确性检查。如果宏定义为：

```
#define Radium "732.124"
```

那么，在预处理时将把Radium替换为"732.124"。

（3）如果在一行中写不下整个宏定义，需要用两行或更多行来书写时，只需在每行的最后一个字符的后面加上反斜杠“\”即可。

(4) 宏定义可以引用已定义的宏名,即允许宏定义嵌套使用。例如:

```
#define Radium 732.124
#define PI 3.14159
#define Area PI * Radium * Radium
```

在宏展开时,编译器会把程序中的 Radium 用 732.124 来替换,把 PI 用 3.14159 来替换,而将 Area 用"3.14259 * 732.124 * 732.124"来替代。

2. 带参数的宏定义

带参数的宏定义的一般形式为:

#define 宏名(形参列表) 字符串

形参列表中的各个形参之间用逗号隔开,而且字符串中一般应该包含形参列表中的参数。在书写时,注意宏名和后面的括号之间不要加空格。它的作用域、使用方法与不带参数的宏定义相同,不同的是,带参数的宏定义除了用字符串置换宏名之外,还要进行参数的置换,即在预处理时用实参代替形参。例如:

```
# define PI 3.14159
# define Radium(area)  sqrt(area/PI)
```

如果在程序中有下面的语句:

```
R1 = Radium(100);
```

在编译预处理时宏展开的顺序:用 sqrt(area/PI)替代 Radium(100),同时将字符串 sqrt(area/PI)中的形参 area 用实参 100 来替代,并把已定义的宏 PI 的值代入,经宏展开后,该语句变为"R1 = sqrt(100/3.14159);"。

可以看到,带参数的宏在展开时,是用程序中宏名后的实参替代宏定义中的形参,实参可以是常量、变量或表达式。由于实参可能为表达式,为了保证置换后实现正确的运算,一般在宏定义时,用括号将字符串中的形参引起来。例如,如果将上例中的实参 100 改为表达式"5+100",即有:

```
R1 = Radium(5 + 100);
```

如果不用括号将宏定义中的形参引起来,那么在预处理后该语句将变为:

```
R1 = sqrt(5 + 100/3.14159);
```

显然这与要实现的运算不符,应该将宏定义改写为:

```
# define Radium(area)   sqrt ((area)/ PI)
```

这样,经宏展开后会得到想要的结果:

```
R1 = sqrt((5 + 100) /3.14159);
```

在使用带参数的宏定义时,要注意实参和形参应该一一对应。

〖做中学 5-12〗 计算圆球体的体积。

〖程序代码〗

```
#include <stdio.h>
#define  PI  3.1415926
#define  V(r)  4.0/3.0 * PI * (r) * (r) * (r)
                          /* 定义带参数的宏 v(r),其值为“4.0/3.0 * PI * r * r * r” */
void main(){
    float r0 = 34,v;
    v = V(r0);
    printf("半径 = %5.2f 体积 = %5.2f\n",r0,v);
}
```

〖程序运行〗

```
半径 = 34.00 体积 = 164636.20
```

〖程序解析〗 编译预处理进行宏展开后,将用实参变量 r0 代替宏定义中的形参 r,使得计算体积的语句成为如下形式:

```
v = 4.0/3.0 * 3.1415926 * (r0) * (r0) * (r0);
```

程序运行时再代入变量 r0 的值进行计算求得体积。

可见,使用宏定义书写程序,会使源程序变得简洁,能减轻编程工作量。

注意:带参数的宏定义与有参函数是不同的。宏定义只是将字符串定义为宏名,其目的是为了避免重复的代码输入工作,虽然可以利用带参宏定义完成函数的功能,但并不能像函数那样直接实现计算并返回计算结果。

3. 宏定义的终止

终止宏定义的一般形式为:

#undef 宏名

它的作用是限定用“#define”定义的宏的作用域。例如:

```
#define PI  3.14159
void main(){
    …
}
#undef  PI
#define LENGTH(a,b)  (a)*((b)-5)
void area(){
    …
    #undef  LENGTH
    …
}
```

在函数 main()的前面定义的宏 PI 在宏语句"#undef PI"后,将终止宏名 PI 的作用域。也就是说,如果在函数 area()中使用 PI 时,将把 PI 作为普通变量来处理。在函数 area()前面定义的宏名 LENGTH,在 area()中的宏语句"#undef LENGTH"之前,会对 LENGTH 进行宏展开;而在"#undef LENGTH"之后,将不能再对 LENGTH 进行宏展开。

5.7.2 文件包含

把另一个源文件的全部内容都包含到当前源文件中,就是文件包含。文件包含的语句一般为:

#include "文件名"

或者

#include <文件名>

文件名为被包含文件的名字,被包含文件一般为头文件,通常以.h 作为文件扩展名,如 stdio.h。头文件中可以包括函数原型以及宏定义、全局变量定义、结构体类型定义等内容。使用文件包含后,在当前文件中就可以直接使用头文件中的源代码,而无须重新定义。文件包含语句的作用如图 5-3 所示。

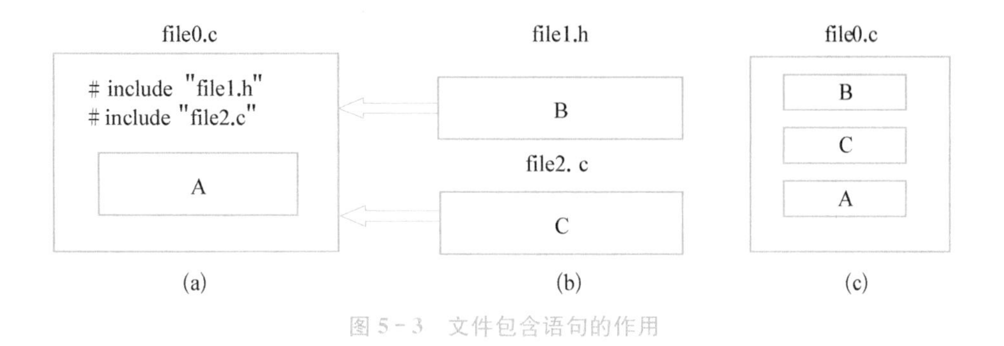

图 5-3 文件包含语句的作用

在图5-3(a)中,文件file0.c中有两个文件包含语句和其他内容A;两个被包含文件如图5-3(b)所示,file1.h和file2.c的内容分别为B和C。在编译预处理之后,file1.h和file2.c的内容将被全部复制到file0.c中,如图5-3(c)所示。因此在编译中,将"包含"之后的file0.c作为一个源程序整体进行编译,最后得到一个目标文件file0.obj。

说明:

(1) 被包含文件不一定是以.c和.h为文件扩展名的文件。只要文件的内容是c编译器可以识别的源代码,文件扩展名也可以是其他字符,甚至可以没有文件扩展名。

(2) 一个#include语句只能指定包含一个头文件。如果需要包含n个文件,则需要用n个#include语句,而且#include语句一般应该写在当前文件的开头,并且写在使用该头文件的文件前面。

(3) 文件包含也可以嵌套使用,即在一个被包含文件中又可以包含另一个头文件。

(4) 头文件的使用使得修改某些常数变得简单易行,只需修改头文件即可,而不必去依次修改每个程序。但应该注意,如果修改了某个头文件中的代码,那么所有包含该头文件的文件都需要重新编译。

(5) 在#include命令中,文件名可以用双引号也可以用尖括号括起来。二者的区别是用尖括号时,系统到存放C语言库函数头文件所在的目录中寻找要包含的文件,这称为标准方式;用双引号时,系统先在用户当前目录中寻找要包含的文件,若找不到,再按标准方式查找。

〖做中学5-13〗 将求圆球体积的函数定义为头文件,并在其他程序中使用该函数原型。

〖算法设计〗 将以下程序源代码保存到文件sphere.yyy中,功能为求圆球体积。

```
#define PI   3.1415926
float Volume(float r){
    float v;
    v = 4.0/3.0 * PI * r * r * r;
    return(v);
}
```

在需要求圆球体积的程序中包含sphere.yyy文件,就可以使用该头文件中的代码了。

〖程序代码〗

```
#include <stdio.h>
#include "sphere.yyy"
void main(){
    float r = 44,v;
```

```
    v = Volume(r);
    printf("半径 = %5.2f 体积 = %5.2f\n",r,v);
}
```

【程序运行】

```
半径 = 44.00 体积 = 356817.91
```

边学边练

【练中学 5-1】 10 个小孩围成一圈分糖果，老师分给第一个小孩 1 块，第二个小孩 2 块，第三个小孩 3 块，第四个小孩 4 块，第五个小孩 5 块，第六个小孩 6 块，第七个小孩 7 块，第八个小孩 8 块，第九个小孩 9 块，第十个小孩 10 块。然后所有的小孩同时将自己手中的糖分一半给右边的小孩；糖块数为奇数的人可向老师再要 1 块。问经过几次这样的调整后大家手中的糖块数都一样？每人各有多少块糖？

【算法设计】 题目描述的分糖过程是一个机械的重复过程，编程算法完全可以按照描述的过程进行模拟。

【程序代码】

```
#include <stdio.h>
#define  N 10
int j = 0;
void print(int x[]){                    /* 自定义函数，输出糖果 */
    int k;
    printf(" %2d\t\t",j++);
    for (k = 0;k<N;k++)
        printf(" %4d",x[k]);
    printf("\n");
}
judge(int a[]){                         /* 自定义函数，判断糖果是否相同 */
    int i;
    for(i = 0;i<N;i++)
        if(a[0]! = a[i])
            return(1);                  /* 判断每个孩子手中的糖是否相同 */
```

```
    return 0;
}
void main(){
    static int sweet[N] = {1,2,3,4,5,6,7,8,9,10};
    int k,t[N];
    printf("                    孩子编号\n");
    printf("调整次数    1    2    3    4    5    6    7    8    9    10\n");
    printf("------------------------------------------------------------\n");
    print(sweet);                    /* 输出每个人手中糖的块数 */
    while(judge(sweet)) {            /* 每个人手中糖的块数不一样 */
        for(k = 0;k<N;k++)           /* 将每个人手中的糖分出一半存入数组 t */
            if(sweet[k] % 2 == 0)
                t[k] = sweet[k] = sweet[k]/2;    /* 若为偶数则直接分出一半 */
            else
                t[k] = sweet[k] = (sweet[k] + 1)/2;    /* 若为奇数则加 1 后再
                                                          分出一半 */
        for(k = 0;k<N - 1;k + +)     /* 将分出的糖给右(后)边的孩子 */
            sweet[k + 1] = sweet[k + 1] + t[k];
        sweet[0] + = t[N - 1];
        print(sweet);
    }
}
```

【程序运行】

```
                     孩子编号
调整次数             1    2    3    4    5    6    7    8    9   10
-------------------------------------------------------------------
 0                   1    2    3    4    5    6    7    8    9   10
 1                   6    2    3    4    5    6    7    8    9   10
 2                   8    4    3    4    5    6    7    8    9   10
 3                   9    6    4    4    5    6    7    8    9   10
 4                  10    8    5    4    5    6    7    8    9   10
 5                  10    9    7    5    5    6    7    8    9   10
 6                  10   10    9    7    6    6    7    8    9   10
 7                  10   10   10    9    7    6    7    8    9   10
 8                  10   10   10   10    9    7    7    8    9   10
 9                  10   10   10   10   10    9    8    8    9   10
10                  10   10   10   10   10   10    9    8    9   10
11                  10   10   10   10   10   10   10    9    9   10
12                  10   10   10   10   10   10   10   10   10   10
```

〖练中学 5-2〗 从用户终端读取一个整数,计算并打印出它的平方值和立方值。

〖算法设计〗 在字长为 16 位的机器上,可表示的最大正整数是 32 767,所以对输入的数据要进行检查,防止因溢出而得到错误的结果。检查操作分散到求平方值和立方值的函数中,当出现溢出时,打印出错信息,且返回值为 0。

〖程序代码〗

```
#define MAX_SQR 181      /* 求平方值时的整数最大限值 */
#define MAX_CUBE 32      /* 求立方值时的整数最大限值 */
#include <stdio.h>
int cub(int x);
int sq(int i);
void main(){
    int i, x;
    printf("请输入一个整数:\n");
    scanf("%d",&x);
    i = sq(x);
    printf("平方值为:%d\n", i);
    i = cub( x);
    printf ("立方值为:%d\n", i);
}
int sq(int i){
    if(i< = MAX_SQR)
        i = i * i;
    else {
        i = 0;
        printf("该整数的平方值太大,超出了整型数的范围。\n");
    }
    return (i);
}
int cub(int x){
    if(x<MAX_CUBE)
        x = x * x * x;
    else {
        x = 0;
```

```
        printf("该整数的立方值太大,超出了整型数的范围。\n");
    }
    return(x);
}
```

〖程序运行〗

```
请输入一个整数:
41↙
平方值为:1681
该整数的立方值太大,超出了整型数的范围。
立方值为:0
```

〖练中学 5-3〗 求出在 100 和 10 000 之间有多少个整数,它们的各位数字之和等于 5?

〖算法设计〗 要求 100 和 10 000 之间的整数各位数字之和等于 5,符合条件的三位整数范围是104~500,符合条件的四位整数范围是 1 004~5 000。判别上述范围的整数是否符合条件的任务,由函数 spec_num()完成。函数中用到了两重循环,外层循环取整数,内层循环求整数的各位数字之和并判断是否等于 5。并将满足要求的数打印出来。

〖程序代码〗

```
#include <stdio.h>
int m = 0;
void spec_num (int a,int b);
void main(){
    spec_num(100, 9999);
    printf("\nM   =   %d\n", m);
}
void spec_num(int a,int b){
    int number, sum, temp, remainder;
    for (number = a;number< = b;number ++ ){
        temp = number ;
        sum = 0;
```

```
        while(temp! = 0){
            remainder = temp % 10 ;
            temp/ = 10;
            sum += remainder;
        }
        if(sum == 5){
            printf (" % 5d\t", number );
            ++m;
            if(m % 5 == 0)   printf("\n");
        }
    }
}
```

〖程序运行〗

```
  104     113     122     131     140
  203     212     221     230     302
……
 3002    3011    3020    3101    3110
 3200    4001    4010    4100    5000
M = 50
```

拓展提升

条件编译

总结归纳

模块五的内容结构如图 5-4 所示。

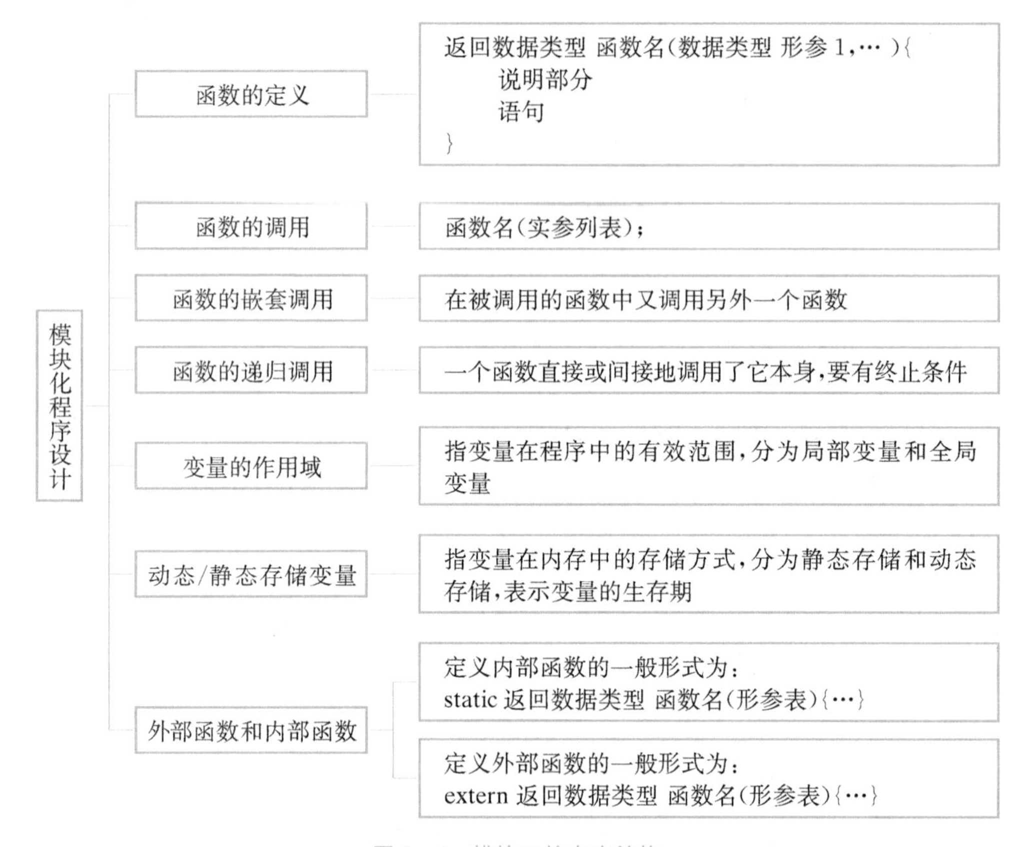

图5-4 模块五的内容结构

强化练习

5-1 选择题

1. 在调用函数时,如果实参是简单变量,它与对应形参之间的数据传递方式是(   )。

   A) 地址传递　　B) 单向值传递

   C) 由实参传给形参、再由形参传回实参　　D) 传递方式由用户指定

2. 以下函数值的类型是(   )。

```
int fun(float x){
    float y;
    y = 3 * x - 4;
    return y;
}
```

   A) int　　B) 不确定　　C) void　　D) float

3. 调用函数时，实参是一个数组名，则向函数传送的是(　　)。

A) 数组的长度　　B) 数组的首地址

C) 数组每一个元素的地址　　D) 数组每个元素中的值

4. 以下只有在使用时才为该类型变量分配内存的存储类说明是(　　)。

A) auto 和 static　　B) auto 和 register

C) extern 和 static　　D) extern 和 register

5. 下列程序执行后的输出结果是(　　)。

```
#include <stdio.h>
long fun(int n){
    long s;
    if(n==1||n==2)
        s=2;
    else
        s=n+fun(n-1);
        return s;
}
void main(){
    printf("%ld\n",fun(3));
}
```

A) 1　　B) 5　　C) 3　　D) 4

6. 有如下函数调用语句“func(a1,a2+a3,(a4+a5));”，其中含有的实参个数是(　　)。

A) 3　　B) 4

C) 5　　D) 有语法错误

7. 下列程序执行后的输出结果是(　　)。

```
#include <stdio.h>
long fib(int n){
    if (n>2)
        return(fib(n-1)+fib(n-2));
    else
        return 2;
}
void main(){
    printf("%ld\n",fib(3));
}
```

A) 2　　B) 4　　C) 6　　D) 8

8. 在C语言中,函数的隐含存储类别是(　　)。

A) auto　　B) static　　C) extern　　D) 无存储类别

9. 下列程序执行后的输出结果是(　　)。

```
#include <stdio.h>
int d=1;
fun(int p){
    static int d=5;
    d+=p;
    printf("%d",d);
    return(d);
}
void main(){
    int a=3;
    printf("%d  \n",fun(a+fun(d)));
}
```

A) 699　　B) 669　　C) 61515　　D) 6615

10. 下列程序执行后的输出结果是(　　)。

```
#include <stdio.h>
int d=1;
fun(int p) {
    int d=5;
    d+=p++;
    printf("%d",d);
}
void main(){
    int a=3;
    fun(a);
    d+=a++;
    printf("%d\n",d);
}
```

A) 84　　B) 99　　C) 95　　D) 44

11. 对于"#define BB　1234"和"printf("%d",a);",以下说法中正确的是(　　)。

A）前者和后者是C语句　　B）前者是C语句，而后者不是

C）后者是C语句，但前者不是　　D）前者和后者都不是C语句

12. 在文件包含预处理语句的使用形式中，当#include后面的文件名用双引号引起时，寻找被包含文件的方式是（　　）。

A）直接按系统设定的标准方式搜索目录

B）先在源程序所在目录搜索，再按系统设定的标准方式搜索

C）仅仅搜索源程序所在目录

D）仅仅搜索当前目录

13. C语言提供的预处理功能包括条件编译，具体形式为：

```
#×××标识符
    程序段1
#else
    程序段2
#endif
```

这里×××可以是（　　）。

A）define或include　　B）ifdef或ifndef或define

C）ifdef或include　　D）ifdef或ifndef或if

14. 在宏定义“#define PI 3.14159”中，用宏名PI代替一个（　　）。

A）常量　　B）单精度数　　C）双精度数　　D）字符串

15. 以下有关宏替换叙述不正确的是（　　）。

A）宏替换不占用程序运行时间　　B）宏替换只是字符串替换

C）宏名无类型　　D）宏名必须用大写字母表示

16. 以下在任何情况下计算平方数时都不会引起二义性的宏定义是（　　）。

A）#define　POWER(x)　x*x　　B）#define　POWER(x)　(x)*(x)

C）#define　POWER(x)　(x*x)　　D）#define　POWER(x)　((x)*(x))

17. 下列程序执行后的输出结果是（　　）。

```
#include <stdio.h>
#define M(x)   x*(x-1)
void main(){
    int a=1,b=2;
    printf("%d\n",M(1+a+b));
}
```

A）6　　B）8　　C）10　　D）12

18. 下列程序执行后的输出结果是(　　)。

```
#include <stdio.h>
#define PP 5.5
#define S(x)   PP*x*x
void main(){
    int a=1,b=2;
    printf("%4.1f\n",S(a+b));
}
```

A) 49.5　　B) 9.5　　C) 22.0　　D) 45.0

19. 下列程序中的 for 循环执行的次数是(　　)。

```
#include <stdio.h>
#define N   2
#define M   N+1
#define NUM   2*M+1
void main(){
    int i;
    for (i=1;i<=NUM;i++)
    printf("%d\n",i);
}
```

A) 5　　B) 6　　C) 7　　D) 9

5-2　填空题

1. 下列程序输出的最后一个值是________。

```
#include <stdio.h>
int ff(int n) {
    static int f =1;
    f=f*n;
    return f;
}
void main(){
    int i;
    for(i=1;i<=5;i++)
        printf("%d\n",ff(i));
}
```

2. 以下函数的功能是求 x 的 y 次方，请填空。

```
#include <stdio.h>
double ff(double x,int y){
    int i;
    double z;
    for (i=1,z=x;i<y;i++) z=z* ____;
    return z;
}
```

3. 下列程序执行后的输出结果是________。

```
#include <stdio.h>
void fun() {
    static int a=0;
    a+=2;
    printf("%d",a);
}
void main(){
    int i;
    for(i=0;i<=4;i++)  fun();
    printf("\n");
}
```

4. 下列程序执行后的输出结果是________。

```
#include <stdio.h>
#define MAX(x,y) (x)>(y)? (x):(y)
void main(){
    int a=5,b=2,c=3,d=3;
    printf("%d\n",MAX(a+b,c+d)*10);
}
```

5. 设有以下宏定义：

```
#define WIDTH  80
#define LENGTH  (WIDTH+40)
```

则执行赋值语句“k=LENGTH * 20;”(k 为 int 型变量)后,k 的值是________。

6. 下列程序执行后的输出结果为 ________。

```
#include <stdio.h>
#define DEBUG
void main(){
    int a = 10,b = 20,c;
    c = a/b;
    #ifdef DEBUG
    printf("a = %d,b = %d",a,b);
    #endif
    printf(",c = %d\n",c);
}
```

7. 下列程序执行后的输出结果是________。

```
#include <stdio.h>
#define SQR(X) X * X
void main(){
    int a = 16,k = 2,m = 1;
    a/ = SQR(k * m)/SQR(k + m);
    printf(" %d\n",a);
}
```

8. 下列程序执行后的输出结果是________。

```
#include <stdio.h>
#define f(x) x * x
void main(){
    int a = 6,b = 2,c;
    c = f(a)/f(b);
    printf(" %d\n",c);
}
```

5-3 实训题

1. 要求编写两个函数 int gys(int x,int y)和 int gbs(int x,int y),分别求两个整数的最大公约数和最小公倍数。
2. 已有变量定义语句“double a=5.0;int n=5;”和函数调用语句“mypow(a,n);”用以

求 a 的 n 次方。请编写 double mypow(double x,int y)函数。

3. 编写函数 int convert(int x),实现将一个十六进制数转换为二进制数的功能。

4. 函数 pi()的功能是根据近似公式“(π * π)/6 = 1 + 1/(2 * 2) + 1/(3 * 3) + … + 1/(n * n)”求 π 的值。请完成程序。

```
#include <stdio.h>
#include "math.h"
double pi(long n){
    double s = 0;
    long i;
    for(i = 0;i<n;i ++ )
        s = ________ ;
    return(sqrt(6 * s));
}
void main(){
    printf("pi = %f",pi(100l));
}
```

5. 定义一个带参数的宏定义 swap(x,y),以实现两个整数之间的交换,并利用它交换一维数组 a 和 b 的值。

文本

参考答案
(模块五)

模块六　构造数据类型应用训练

能力目标

(1) 掌握结构体类型的定义、变量的声明及其引用方法；

(2) 了解枚举类型及其变量的定义和引用方法。

知识准备

〖引例任务〗 输入一条学生成绩,并显示。

〖算法设计〗 学生成绩相当于数据库表中的一条记录,包含的信息有：学生姓名和学生多门课程成绩。各条学生信息,需要用不同的变量来表示,这些信息之间存在一定的关系,它们的组合对应于一个学生,能否对这些表示同一个学生的信息的变量进行统一管理呢？在C语言中可以使用结构体变量来表示一条学生成绩。

〖程序代码〗

```
#include <stdio.h>
struct stu{
    char name[30];
    float score[3];
}stu1;
void main(){
    printf("\n请输入学生姓名及其三门课程的成绩:");
    scanf("%s%f%f%f",stu1.name,&stu1.score[0],&stu1.score[1],&stu1.
    score[2]);
    printf("学生%s的三门课程成绩分别为：",stu1.name);
```

```
    printf("%.2f,%.2f,%.2f\n",stu1.score[0],stu1.score[1],stu1.score[2]);
}
```

〖程序运行〗

```
请输入学生姓名及其三门课程的成绩:
杨甜 80 90 70↙
学生杨甜的三门课程成绩分别为:80.00,90.00,70.00
```

〖引例解析〗 从引例可以看到,在主程序前面定义一个 struct stu 类型,其中包括存储姓名的字符数组 name[30]和存储三门课程成绩的单精度实型数组 score[3],这就是 C 语言中的结构体,即把不同类型的、关系又非常密切的数据项组织在一起,就构成了结构体,它是一种用户自定义数据类型。

本模块的主要内容是学习结构体类型及其变量的定义和引用,结构体数组的定义,初始化和引用。

6.1 结构体类型及其变量

视频

结构体变量定义

〖做中学 6-1〗 结构体变量的定义、引用和初始化。

〖程序代码〗

```
#include <stdio.h>
struct birthday{
    int year;
    int month;
    int day;
};
struct exam{
    char name[30];
    char sex;
    int age;
    char addr[40];
    int number;
    float score[3];
    struct birthday birth;
};
void main(){
```

```
    struct exam exame1 = {"张申",'M',23,"山丹街 1 号",301,{98,67,87},
                          {1982,9,3}};
    struct exam exame2 = {"李淼",'F',24,"小北街 2 号",304,{82,89,97},
                          {1981,5,14}};
    printf("%s %c %d ",exame1.name,exame1.sex,exame1.age);
    printf("%4d.%2d.%2d ",exame1.birth.year,exame1.birth.month,
         exame1.birth.day);
    printf("%s %d ",exame1.addr,exame1.number);
    printf("%3.0f %3.0f %3.0f\n",exame1.score[0],exame1.score[1],
         exame1.score[2]);
    printf("%s %c %d ",exame2.name,exame2.sex,exame2.age);
    printf("%4d.%2d.%2d ",exame2.birth.year,exame2.birth.month,
         exame2.birth.day);
    printf("%s %d ",exame2.addr,exame2.number);
    printf("%3.0f %3.0f %3.0f\n",exame2.score[0],exame2.score[1],
         exame2.score[2]);
}
```

〖程序运行〗

```
张申 M 23 1982.  9. 3 山丹街1号 301  98  67  87
李淼 F 24 1981.  5.14 小北街2号 304  82  89  97
```

〖程序解析〗 exame1 的初始化如图 6-1 所示，编译系统给该变量分配了连续的内存空间。然后按照一定的格式输出了这些数据。在初始化其中的 struct birthday 类型变量 birth 成员时，实际上是给该成员中定义的各成员变量赋初值。而引用结构体中的数组 score 时，则须依次引用 score 数组中的元素，exame1.score[0]，exame1.score[2]等。

"张申"
'M'
23
"山丹街 1 号"
301
98
67
87
1982
9
3

图 6-1 exame1 的初始化

〖知识点〗

(1) 结构体类型的定义。结构体类型的一般语法格式为：

```
struct 结构体类型名{
    数据类型 1   成员变量名 1;
    数据类型 2   成员变量名 2;
      …
    数据类型 n   成员变量名 n;
};
```

struct是定义结构体的关键字，结构体类型名的命名应该符合C语言中标识符的命名规则。结构体的成员变量表列应该用花括号括起来，结构体定义完成时加分号结束。结构体各成员变量的定义方法与变量的定义方法相同：数据类型名代表各个成员变量的数据类型，它可以是C语言提供的任何数据类型；成员变量名的命名规则也与变量的命名规则相同，各成员变量定义以分号结束，成员变量简称成员。

例如，上例中名称定义为exam的结构体类型，它包含有姓名name（字符数组）、性别sex（字符型）、年龄age（整型）、地址addr（字符数组）、考号number（整型）和成绩score（单精度浮点型数组）等成员。可以看到，利用结构体类型数据，用户能够自行定义数据结构。

结构体类型定义只提供了一个类型，这个类型就像整型int一样是一个数据类型，其中并没有具体的数据，系统不会给它分配存储单元。要使用结构体变量，应该先定义一个结构体类型的变量，并利用它来处理具体数据。

（2）结构体变量的定义。结构体变量的定义方法有3种。

① 用已定义的结构体类型来定义结构体变量。例如：

```
struct exam exame1,exame2;              /*定义结构体变量exame1,exame2*/
```

在这种结构体变量语法格式中，关键字struct和结构体类型名（如本例的exam）都不能省略，因为结构体类型是由struct和结构体类型名组合在一起构成的整体。

② 定义结构体类型的同时定义结构体变量。例如：

```
struct exam{
    char name[30];
    char sex;
    int age;
    char addr[40];
} exame1,exame2;      /*定义结构体数据类型,定义结构体变量exame1、exame2*/
```

③ 直接定义结构体变量，这种定义不出现结构体类型名。例如：

```
struct {
    char name[30];
    char sex;
    int age;
    char addr[40];
} exame1,exame2;      /*定义结构体变量exame1、exame2*/
```

结构体类型中的成员变量名可以与程序中的其他变量名一样使用；结构体中成员的

类型也可以是结构体类型，这个被引用的结构体类型的定义必须写在本结构体类型前面。例如，〖做中学 6-1〗中结构体类型 struct exam 的成员 birth，其类型也是结构体类型，类型为 struct birthday，且在 struct exam 类型之前已有定义。

视频

结构体变量的引用和初始化

(3) 结构体变量的引用。引用结构体变量的一般格式为：

结构体变量.成员　　或　　结构体变量->成员

例如，可以用如下方式引用上例中定义的结构体变量 exam1。

```
exame1.age = 18;
strcpy(exame1.name, "王帆");
```

“.”是成员运算符，也称为分量运算符，它的优先级在所有的运算符中是最高的，因此 exame1.name 等同于一个变量名，将作为一个整体来参与各种运算，其运算规则与同类型的变量相同。

当使用上例中的 birth 成员时，需要用成员运算符逐级找到最低一级的成员，例如：

```
exame1.birth.year = 1983;
```

(4) 结构体变量的初始化。同其他类型的变量一样，结构体变量的初始化可以在定义时完成。如果需要在程序中进行初始化，则需要逐个成员逐级对最低一级的成员赋初值。例如，写成下面的格式是不对的：

```
exame1.birth = {1980,04,20};
```

6.2　结构体数组

将若干个相同结构体类型的数据组合在一起构成的集合，就称为结构体数组。结构体数组与一般数组不同的是，每个数组元素都是结构体类型的数据。

〖做中学 6-2〗　输入 5 个考生的姓名及考试成绩，并统计各科的平均成绩。

〖算法设计〗　每个考生的信息包括姓名以及多门课程的考试成绩，定义一个结构体类型 struct stu，包括字符数组 name[30]和实型数组 score[3]成员，N 个考生的信息通过已定义的结构体类型 struct stu 数组 stu1[N]来存储。将每个考生对应的科目成绩相加后求平均成绩，即为各科的平均成绩。

【程序代码】

```
#include <stdio.h>
#define  N  5
struct stu{
    char name[30];
    float score[3];
}stu1[N];
void main(){
    int i,j;
    float aver[3]={0};
    printf("请输入考生姓名及其三门课程的成绩:\n");
    for (i=0;i<N;i++){
        printf("第%d名学生:",i+1);
        scanf("%s %f",stu1[i].name,&stu1[i].score[0]);
        scanf(" %f %f",&stu1[i].score[1],&stu1[i].score[2]);
    }
    for (i=0;i<3;i++){              /*计算每科的总成绩*/
        for (j=0;j<N;j++)
            aver[i]=aver[i]+stu1[j].score[i];
    }
    printf("平均成绩:\n第一科:%3.1f  ",aver[0]/N);
    printf("第二科:%3.1f  第三科:%3.1f\n",aver[1]/N,aver[2]/N);
}
```

【程序运行】

```
请输入考生姓名及其三门课程的成绩:
第1名学生:mark 60 70 80↙
第2名学生:sumn 75 85 95↙
第3名学生:yang 85 95 65↙
第4名学生:ning 45 78 96↙
第5名学生:chen 87 67 92↙
平均成绩:
第一科:70.4 第二科:79.0 第三科:85.6
```

〖知识点〗

(1) 结构体数组的定义和初始化。定义结构体数组与定义结构体变量一样,可以在定义结构体类型的同时定义,也可以在定义结构体类型之后定义,也可以直接定义。例如:

```
struct stu{
    char name[30];
    char sex[2];
    int age;
    char addr[40];
    int number;
    float score;
}stu1[2]={{"张文","男",21,"上海路2#",301,80},{"贾丽","女",18,"建设
        路123#",302,92}};
```

在编译时系统将分配两个连续存储单元来顺序存放stu1[2],数组stu1的初始化如图6-2所示。C语言也允许使用结构体多维数组,其定义及初始化时的规则与一般的多维数组相同。

"张文"
"男"
21
"上海路2#"
301
80
"贾丽"
"女"
18
"建设路123#"
302
92

图6-2 数组stu1的初始化

(2) 结构体数组的成员变量引用。同一般数组一样,结构体数组的引用也是通过数组名和下标来引用的。但由于结构体数组中的元素都是结构体类型数据,结构体数组的每个元素都具有成员,成员引用格式同结构体变量的成员引用格式相同,也需要使用成员运算符对元素的各成员变量逐级引用,直至最低一级的成员为止。其引用格式为:

数组名[下标].成员变量名

6.3 枚举类型

当一个变量只可能有固定的几种值时,就可以将其定义为枚举类型,即将变量的几种可能值列举出来,以方便程序的使用。例如星期,它的取值只有从1到7七个整数,可以将其定义为枚举类型,这样使程序含义更加容易理解而且可读性更好。

6.3.1 枚举类型的定义

视频

枚举类型定义

定义枚举类型的一般格式为:

enum 枚举类型名 {枚举元素1,枚举元素2,…,枚举元素n};

enum为C语言中定义枚举类型的关键字,枚举类型名的命名应该符合C语言中标识符的命名规则。各个枚举元素是由用户定义的表示各个取值的标识符,通常用有意义的字符串表示,各枚举元素之间用逗号隔开。枚举类型的枚举元素列表用花括号括起来,

定义完成后使用分号来结束定义。例如，把星期定义为枚举类型：

```
enum week{Sun,Mon,Tue,Wed,Thu,Fri,Sat};
```

C 语言将枚举元素作为整型常量处理，即第一个枚举元素的默认值为 0，其后每个枚举元素的值是前一个枚举元素的值加 1。也可由用户指定枚举元素的值，但必须在定义时指定。例如：

```
enum week{Sun = 7,Mon = 1,Tue,Wed,Thu,Fri,Sat};
```

C 语言将第一个枚举元素的值指定为 7，第二个元素的值指定为 1，对于后面没有指定值的枚举元素，自动按照前一个元素的值加 1 的原则定义它的值，即 Tue＝2，Wed＝3，Thu＝4，Fri＝5，Sat＝6。各个枚举元素为常量，程序中不能对枚举元素赋值。如语句“Sat＝4；”是不对的。

6.3.2 枚举类型变量

1. 枚举类型变量的定义

与定义结构体变量的方法类似，定义一个枚举类型变量也有 3 种方式：

(1) 定义枚举类型之后定义枚举类型变量。

```
enum week{Sun = 7,Mon = 1,Tue,Wed,Thu,Fri,Sat};
enum week day1,day2[31];
```

(2) 在定义枚举类型的同时定义枚举类型变量。

```
enum week{Sun = 7,Mon = 1,Tue,Wed,Thu,Fri,Sat}day1,day2[31];
```

(3) 直接定义枚举类型变量。

```
enum{Sun = 7,Mon = 1,Tue,Wed,Thu,Fri,Sat}day1,day2[31];
```

2. 枚举类型变量的引用

枚举类型变量的引用方法同普通类型的变量一样。但是枚举类型变量的取值只能在该枚举类型定义的取值范围内。例如：

```
enum week{Sun = 7,Mon = 1,Tue,Wed,Thu,Fri,Sat}day1,day2[31];
day1 = Sun; day2[26] = Tue;
```

虽然系统将枚举类型变量的各个枚举元素处理为整型常量，但只能使用强制类型转换将其转换为枚举类型后再赋给枚举类型变量。例如，对于上述定义，可以实现下面的赋值：

```
day2[26] = (enum week)6;
```

该语句与下面的写法是等价的：

```
day2[26] = Sat;
```

枚举类型变量与普通类型的变量一样可以参与各种运算，此时实际上是使用枚举类型变量所隐含的整型值来参加运算。例如：

```
if (day1>Wed) i++;
```

在输出枚举类型变量的数据时，只能输出该枚举元素名对应的整型常量，例如：

```
day1 = Sun;
printf("%d",day1);
```

执行后结果将输出7。

视频

枚举类型应用

〖做中学6-3〗 输出一个星期的英文名称。

〖程序代码〗

```
#include <stdio.h>
enum week{Sun = 7,Mon = 1,Tue,Wed,Thu,Fri,Sat};   /*定义枚举类型*/
void main(){
    enum week day;                                 /*定义枚举类型变量*/
    int i = 2;
    char *name[] = {"Monday","Tuesday","Wednesday","Thursday","Friday",
                    "Saturday","Sunday"};
    for (day = Mon;day<= Sun;day = (enum week)i++)
                                         /*用枚举类型变量控制循环输出*/
        printf("%2d:%s\n",day,name[day-1]);
}
```

〖程序运行〗

```
1:Monday
2:Tuesday
```

```
3: Wednesday
4: Thursday
5: Friday
6: Saturday
7: Sunday
```

6.4 自定义数据类型

以前用的数据类型名,除结构体类型,共用体类型和枚举类型名由用户自己指定外,其他数据类型名都是系统预先定义好的标准名称,如 int、float、char 等。C 语言允许在程序中用 typedef 来定义新数据类型名,来代替已有的数据类型名。下面介绍 typedef 的几种用法。

1. 简单的名字替换

例如:

```
typedef int INTEGER;
```

功能:将 int 型定义为 INTEGER,这二者等价,在程序中就可以用 INTEGER 作为类型名来定义变量了。

```
INTEGER a,b;    /* 相当于“int a,b;” */
```

定义变量 a、b 为 INTEGER 类型,也即 int 类型。

2. 定义结构体类型

例如:

```
typedef struct{
    char name[20];
    long num;
    float score;
}STUDENT;
```

功能:将一个结构体类型定义为花括号后的名字 STUDENT。以后就可以用它来定义变量了。例如:

```
STUDENT  student1,student2;
```

定义了两个结构体变量 student1、student2。

同样也可用 typedef 定义一个类型代表共用体类型和枚举类型。

3. 定义数组类型

```
typedef  int   COUNT[20];       /*定义 COUNT 为整型数组*/
typedef  char  NAME[20];        /*定义 NAME 为字符数组*/
COUNT  a,b;           /*a、b 为整型数组*/
NAME  c,d;            /*c、d 为字符数组*/
```

4. 定义指针类型

```
typedef  char *STRING;  /*定义 STRING 为字符指针类型*/
STRING  p1,p2,p[10];    /* p1、p2 为字符指针变量,p 为字符指针数组名*/
```

typedef 还有其他用法。归纳起来,用 typedef 定义一个新类型名的方法如下:

(1) 先按定义变量的方法写出定义语句(如“char a[20];”);

(2) 将变量名换成新数据类型名(如“char NAME[20];”);

(3) 在最前面加上 typedef(如“typedef char NAME[20];”);

(4) 然后可以用新数据类型名去定义变量(如“NAME c,d;”)。

说明:

typedef 只是定义了一个新的数据类型名字,并未建立新的数据类型。然而用 typedef 往往能增加程序的可读性,例如用 COUNT 去定义变量,使人一看就知道这些变量用于统计,同样还可以定义类型名 AGE、ADDRESS 等。此外增强了可移植性,通过 typedef 的类型重新定义,可以解决软件移植过程中出现的溢出问题。例如:

```
typedef  int  INTEGER;
```

使用 INTEGER 去定义所有整型变量,软件在向字长小的机器移植时就只需改动最前面的 typedef 定义即可:

```
typedef  long  INTEGER;
```

此时所有用 INTEGER 定义的变量都是 long 型,解决了溢出问题。

边学边练

【练中学 6-1】 设计一个程序,输入、显示和修改某个学生的信息。

【算法设计】 设计三个函数 addst()、displayst()、changest(),分别完成输入、显示及修改等功能，而主函数主要显示一个菜单，供程序操作者选择想要进行的操作，然后主程序调用相应函数，完成相应操作。addst()函数在录入数据时，以“end”作为结束资料输入操作的命令。

〖程序代码〗

```
#include <stdio.h>
#include "string.h"
#define RS 10                          /* 人数 */
#define KM 3                           /* 课程数 */
struct st{
    int num;                           /* 学号 */
    char classname[10];                /* 班级 */
    char name[20];                     /* 姓名 */
    char sex[3];                       /* 性别 */
    float score[KM];                   /* 各科成绩 */
}student[RS] = {{0}};                  /* 存储学生资料的结构体数组 */
void addst(struct st stu[]){           /* 在结构体数组插入多位学生的资料 */
    int i;
    struct st *p;
    p = stu;
    while(p->num! = 0) p++;
                        /* 查找插入位置,即学号为 0 的结构体数组元素 */
    printf("请输入班级、学号、姓名、性别,%d 科成绩:\n",KM);
    do{
        scanf("%s",p->classname);
        if (strcmp(p->classname,"end")! = 0) {    /* 班级名不为"end" */
            scanf("%d",&p->num);
            scanf("%s",p->name);
            scanf("%s",p->sex);
            for (i = 0;i<KM;i++) scanf("%f",&p->score[i]);
        }
        while(p->num! = 0)
            p++;  /* 查找下一插入位置,即学号为 0 的结构体数组元素 */
    }while(strcmp(p->classname,"end"));
                    /* 班级名为"end"时,结束资料输入操作 */
}
void displayst(struct st stu[]){
```

```
    int i,k;
    struct st *p;
    p=stu;
    printf("***********成绩单***********\n");
    printf("班级\t学号\t姓名\t性别\t各科成绩\n");
    for(k=0;k<RS;k++){
        if (p->num!=0){
            printf("\n%s\t",p->classname);
            printf("%d\t",p->num);
            printf("%s\t",p->name);
            printf("%s\t",p->sex);
            for (i=0;i<KM;i++) printf("%5.1f",p->score[i]);
        }
        p++;
    }
}
void changest(struct st stu[],int n){
    int i;
    struct st *p;
    p=stu;
    while(p->num!=n) p++;          /*查找学号为n的学生的资料*/
    printf("请输入班级名、姓名、性别、%d科成绩:\n",KM);
    scanf("%s",p->classname);
    scanf("%s",p->name);
    scanf("%s",p->sex);
    for (i=0;i<KM;i++) scanf("%f",&p->score[i]);
}
void main(){
    char ch;
    int n;
    do{
        printf("\n请选择你想要进行的操作:\n");
        printf("1.输入信息\t2.显示信息\t3.修改信息\t4.退出\n");
        scanf("%c",&ch);
        if (ch=='1') {addst(student);scanf("%c",&ch);}
```

```
        if (ch=='2') {displayst(student);scanf(" %c",&ch);}
        if (ch=='3'){
            printf("请输入要修改的学生学号:");
            scanf(" %d",&n);
            changest(student,n);
            scanf(" %c",&ch);
        }
    }while(ch!='4');
}
```

〖程序运行〗

```
请选择你想要进行的操作:
1.输入信息     2.显示信息     3.修改信息     4.退出
1↙
请输入班级、学号、姓名、性别、3科成绩:
rj061 2 ChengSh nan 90 89 78↙
jy062 8 MaTianL nv  67 78 90↙
end↙
请选择你想要进行的操作:
1.输入信息     2.显示信息     3.修改信息     4.退出
2↙
************成绩单************
班级   学号   姓名   性别   各科成绩
rj061   2       ChengSh nan     90.0 89.0 78.0
jy062   8       MaTianL nv      67.0 78.0 90.0
请选择你想要进行的操作:
1.输入信息      2.显示信息      3.修改信息      4.退出
3↙
请输入要修改的学生学号:8↙
请输入班级名、姓名、性别、3科成绩:
jy063 MaTian nv 67 79 99↙
请选择你想要进行的操作:
1.输入信息      2.显示信息      3.修改信息      4.退出
2↙
************成绩单************
```

```
班级    学号      姓名     性别     各科成绩
rj061   2         ChengSh nan      90.0 89.0 78.0
jy063   8         MaTian  nv       67.0 79.0 99.0
请选择你想要进行的操作：
1. 输入信息      2. 显示信息      3. 修改信息      4. 退出
```

拓展提升

枚举类型

总结归纳

模块六的内容结构如图 6－3 所示。

- 构造数据类型
  - 结构体类型
    - 类型定义
      - struct 结构体类型名{成员项列表}；
    - 变量定义
      - struct 结构体类型名 变量名列表；
      - struct 结构体类型名{成员项列表} 变量名列表；
      - struct{成员项列表} 变量名列表；
    - 成员变量引用
      - 结构体变量.成员
    - 变量初始化
      - 需要逐个成员逐级对最低一级的成员赋初值
    - 数组定义
      - 数组的类型为结构体类型
    - 数组成员变量的引用
      - 数组名[下标].成员变量名
  - 枚举类型
    - 类型定义
      - enum 枚举类型名{枚举元素列表}；
    - 变量定义
      - enum 枚举类型名 变量名列表；
      - enum 枚举类型名{枚举元素列表} 变量名列表；
      - enum{枚举元素列表} 变量名列表；
    - 变量引用
      - 同普通类型的变量一样

图 6－3　模块六的内容结构

6-1　选择题

1. 下面程序段中定义的变量 a(Visual C++环境中)所占内存单元的字节数是(　　)。

```
union U{
    char st[4];
    int i;
    long l;
};
struct A{
    int c;
    union U u;
}a;
```

A) 4　　B) 5　　C) 6　　D) 8

2. 若有以下定义和语句，则不正确的引用是(　　)。

```
struct student {
    int age;
    int num;
};
struct student stu[3] = {{1001,20},{1002,20},{1003,20}};
void main(){
    struct student *p;
    p = stu;
    …
}
```

A) (p++)->num　　B) p++

C) (*p).num　　D) p=&stu.age

3. 以下 scanf()函数调用语句中对结构体变量成员的不正确引用是(　　)。

```
struct pupil{
    char name[20];
    int age;
```

```
    int sex;
}pup[5], *p;
p = pup;
```

A) scanf("%s",pup[0].name);　　　　B) scanf("%d",&pup[0].age);

C) scanf("%d",&(p->sex));　　　　D) scanf("%d",p->age);

4. 根据下面的定义,能打印出字母 M 的语句是(　　)。

```
struct person{
    char name[20];
    int age;
};
struct person class[10] = {"John",17, "Paul",20, "Mary",18, "Adam",15};
```

A) printf("%c\n",class[3].name);

B) printf("%c\n",class[3].name[1]);

C) printf("%c\n",class[2].name[1]);

D) printf("%c\n",class[2].name[0]);

5. 若有以下语句,则语句正确的是(　　)。

```
union data{
    int i;
    char c;
    float f;
}a;
int n;
```

A) a=5;　　　　B) a={2,'a',1.2};

C) printf("%d\n",a);　　　　D) n=a;

6-2 填空题

1. 有以下定义和语句,在 Visual C++环境中,sizeof(a)的值是________,而sizeof(a.share)的值是________。

```
struct date{
    int day;
    int month;
    int year;
    union{
```

```
        int share1;
        float share2;
    }share;
}a;
```

2. 有以下定义和语句，在 Visual C++环境中，则 sizeof(a)的值是________，而 sizeof(b)的值是________。

```
struct{
    int day;
    int month;
    int year;
}a, *b = &a;
```

6-3 实训题

1. 找出〖练中学 6-1〗程序的不足之处，改进程序。增加按班级名称和学号排序的功能；增加按班级计算平均分，输出班级排名表等功能。
2. 请定义枚举类型 money，用枚举元素代表人民币的面值，包括 1 分、2 分、5 分，1 角、2 角、5 角，1 元、2 元、5 元、10 元、50 元、100 元。然后输出每个枚举元素的值。

文本

参考答案
（模块六）

模块七　指针应用训练

能力目标

(1) 理解指针、指针常量的概念；

(2) 掌握指针变量的定义、运算及内存访问方法；

(3) 掌握数组指针、字符串指针及结构体指针的应用方法；

(4) 理解指针函数，了解函数指针。

知识准备

〖引例任务〗　通过一个指针应用程序的简单例子，认识指针变量的定义及应用。

〖程序代码〗

```
#include <stdio.h>
void main(){
    int a,b;
    int *p1,*p2;                /* 定义 2 个整型指针 p1、p2 */
    a = 100,b = -100;
    p1 = &a;                    /* p1 指向 a */
    p2 = &b;                    /* p2 指向 b */
    printf("a 变量的值:%d\tb 变量的值:%d\n",a,b);
    printf("  *p1 的值:%d\t  *p2 的值:%d\n",*p1,*p2);
                                /* 输出指针变量所指向的值 */
}
```

〖程序运行〗

```
a变量的值:100   b变量的值:-100
   *p1的值:100      *p2的值:-100
```

〖引例解析〗

(1)“int *p1,*p2;”定义了两个指向整型变量的指针 p1、p2,但这时它们还未指向任何一个整型变量,只是规定它们可以指向整型变量。

(2)“p1=&a;”和“p2=&b;”将两个指针变量 p1 和 p2 分别指向整型变量 a 和 b。此时 p1 的值为&a,即整型变量 a 的地址;而 p2 的值为&b,即整型变量 b 的地址;printf()语句中的“*”为指针运算符,表示引用 p1 和 p2 所指向的变量的值。

通过引例可以看出,利用指针实现了对内存单元的间接访问。

本模块的主要内容是学习指针、指针变量的定义、运算及内存单元间接访问,数组指针、函数指针、结构体指针、字符指针的定义及应用。

7.1 指针

内存是由内存单元组成的,一个内存单元可以存放一个字节的数据,每一个内存单元都有一个内存地址。

若在程序中定义变量,在编译时就会给该变量分配一块内存区域,它由若干个内存单元组成,这个区域称为存储单元。变量的值就存放在这块内存区域中,常称变量的值为存储单元的内容。系统是根据程序中变量的数据类型来分配内存空间的,一般系统为字符型变量分配 1B、为整型变量分配 2B(Turbo C 中),为单精度实型变量分配 4B 的内存单元。内存单元和存储单元是两个不同的概念。

变量的地址就是所占存储单元的地址,也就是指针。在 C 语言中,变量的地址是由编译系统分配的,用户并不知道变量的具体地址。实际上也没有必要去知道变量的具体地址,因为用户编程时不直接用这些地址,用户只要知道什么叫指针,知道如何用指针去访问变量的值就行了。

指针实质上是有数据类型属性的内存地址。就如日常生活中的地址:实验楼 203 室、实验楼 204 室、实验楼 205 室、办公楼 203 室、办公楼 204 室、办公楼 205 室,这些是两类地址,因为它们的房间大小可能不一样,实验楼的房间要大些,办公室的房间要小很多。同理,整型指针和单精度实型指针是不一样的,它们指向的存储单元大小不一样,即所占的内存单元个数不一样。

对于已经分配了内存地址的变量,可以将该变量的地址称为指针常量。需要指出的是指针常量不是常数,须注意区分。

7.2 指针变量

视频

指针变量的定义

7.2.1 指针变量的定义

指针变量是有数据类型属性的变量。指针变量在使用之前必须对它进行定义，定义指针变量的一般格式为：

数据类型 *指针变量名；

例如：

```
int *p;            /*定义指针变量p,p指向int型变量*/
char *s;           /*定义指针变量s,s指向char型变量*/
float *f;          /*定义指针变量f,f指向float型变量*/
double *d;         /*定义指针变量d,d指向double型变量*/
static int *p;     /*定义指针变量p,p指向int型变量,是静态存储类型变量*/
int (*p)[3];       /*定义指针变量p,指向一个有3个整型元素的一维数组*/
int *fun();        /*定义函数fun(),该函数返回指向int型变量的指针*/
```

说明

(1) 指针变量存储的是某个变量的内存地址，是正整数，但不能把它和整型变量混淆。所有合法指针变量的值是非0值，如果某个指针变量取值为0(NULL)，表示该指针变量所指向的变量不存在。

(2) 指针变量的数据类型应当与它指向的变量的数据类型相匹配，即一个指针变量一般只能指向同一数据类型的变量。

(3) 在定义时，*是定义指针变量的类型标记；在使用时，*是间接访问的标记。如p、s是指针变量，而*p、*s代表指针所指的存储单元，可用于间接访问。

(4) 指针变量定义后，变量值不确定，使用前必须赋初值，即让指针变量的值指向某个具体的存储单元。

视频

指针变量的访问

7.2.2 指针变量的访问

对一个变量访问，即给变量赋值或者使用变量的值，有直接访问、间接访问两种方式。

1. 直接访问

直接访问是用指针常量进行访问，比如a变量的内存地址是2000，访问变量a的值，只要找到变量a的内存地址2000，从a的存储单元中取出a的值就可以了，这里的2000就是指针常量。如scanf("%f",&a)中的"&a"就是对a的直接访问，printf("%d",a)同样是对a的直接访问。之前介绍的程序中对变量的访问都是直接访问。

2. 间接访问

间接访问就是借助指针对内存单元的访问。间接访问中，将变量的地址(指针常量)存放在一个专门存放地址的特殊变量——指针变量中。然后可以根据这个地址，再去取相应的数据变量的值。对该指针变量进行访问时，实际访问的是对应的变量的地址。

例如，设程序中有如下语句：

```
int a = 100;
char c ='a';
...
int *a_pointer = &a;
```

编译时，系统将在内存中分配一个长为 2B 的存储单元给变量 a，一个长为 1B 的存储单元给变量 c，一个长为 2B 的存储单元给指针变量a_pointer，用来存放变量 a 的地址。内存地址用十进制数示意，如系统给变量 a 分配的内存单元地址为 1000～1001，给变量 c 分配的内存单元地址为 1002，给指针变量 a_pointer分配的内存单元地址为 2000～2001，则 a 与 a_pointer 的关系如图 7-1 所示。

图 7-1 变量与地址

将变量的地址称为指针常量，而存放指针常量的变量称为指针变量。

可以这样来理解指针、指针常量和指针变量之间的关系：

(1) 指针是一种特殊的数据类型，用来指向存放数据的内存单元。指针有指针常量、指针变量两种，指针常量的值由编译系统确定，是变量的内存地址。

(2) 指针变量是一种变量，这种变量中存放的数据为指针型的数据，即内存地址。可以把变量的内存地址(即指针常量)赋给指针变量。

(3) 指针变量与相应变量之间的关系是指向关系。如指针变量 p 指向变量 a 的示意图如图 7-2 所示。

图 7-2 指针变量与其所指向的变量

3. 指针变量的赋值

指针变量同普通变量一样，使用之前不仅要定义说明，而且必须赋给具体的值。未经赋值的指针变量不能使用，否则将造成系统混乱，甚至死机。指针变量的值只能是地址，决不能赋给任何其他数据，否则将引起错误。

C 语言中提供了地址运算符“&”来取变量的地址，其语法格式为：

指针变量=& 变量名;

例如,"&a"表示变量 a 的地址,"&b"表示变量 b 的地址。变量本身必须预先说明。

例如,要定义指向整型变量 a 的指针变量 p,可以有以下两种方式。

(1) 在指针变量定义时初始化:

```
int a, *p = &a;
```

(2) 指针变量定义之后初始化:

```
int a, *p;    p = &a;
```

1. 不允许把一个常数赋给指针变量。例如:

```
int *p;
p = 450;           /* 这种赋值是错误的 */
```

2. 指针变量定义之后初始化时,被赋值的指针变量前不能再加"*"说明符。例如:

```
*p = &a;           /* 这种赋值也是错误的 */
```

7.2.3 指针变量的运算

指针变量可以进行某些运算,但其运算的种类是有限的。它只能进行赋值运算和部分算术运算及关系运算。

1. 指针变量独有的运算符

指针变量独有的运算符有两个:& 和 *。

(1) 取地址运算符"&"。例如,"&a"的含义为取变量 a 的地址。

(2) 指针运算符"*",也称"间接访问"运算符、取值运算符。例如,"*p"的含义是引用指针变量 p 所指向的存储单元(变量)的值。

指针运算符"*"和指针变量说明中的指针说明符"*"的作用不同。在指针变量说明中,"*"是类型说明符,表示其后的变量是指针类型。而表达式中出现的"*"则是一个指针运算符,用以表示引用指针变量所指向的变量的值。

运算符"&"和"*"的优先级相同,结合性均为自右向左。假设有下列程序语句,试分析"&*p1"和"*&a"的含义。

```
int a; int *p1; p1 = &a;
```

① "&*p1"运算。先进行"*p1"的运算,*p1 相当于变量 a;再进行"&"运算,

故“& * p1”与“&a”的含义相同。

② “ * &a”运算。先进行“&a”的运算，得到变量 a 的地址，再进行“ * ”运算，故“ * &a”和“ * p1”的作用是一致的，均等价于变量 a。

2. 赋值运算

指针变量的赋值运算有以下几种形式。

(1) 把一个变量的地址赋给相同数据类型的指针变量。例如：

```
int * pp,a;
pp = &a          /* 把整型变量 a 的地址赋给整型指针变量 pp */
```

(2) 把一个指针变量的值赋给相同数据类型的另一个指针变量。例如：

```
char a, * pa = &a, * pb;
pb = pa;         /* 把 a 的地址赋给指针变量 pb */
```

由于 pa、pb 都是指向字符型变量的指针变量，因此可以相互赋值。

(3) 把数组的首地址赋给相同数据类型的指针变量。例如：

```
float b[10], * pf;
pf = b;
```

数组名表示数组的首地址，故可把数组名赋给相同数据类型的指针变量 pf，也可写为：

```
pf = &b[0] ;    /* 数组第一个元素的地址也是整个数组的首地址 */
```

(4) 把字符串的首地址赋给指向字符类型的指针变量。例如：

```
char * ps;
ps = "你好!";
```

并不是把整个字符串赋值给指针变量，而是把存放该字符串的字符数组的首地址赋值给指针变量。

3. 加减整数运算

对于指向数组的指针变量，可以加上或减去一个整数 n。

设p是指向数组a的指针变量，则p+n、p−n、p++、p−−、++p、−−p都是合法的。

说明：

(1) 指针变量加或减一个整数n的含义是把指针指向的当前位置(指向某数组元素)向前或向后移动n个位置。

(2) 数组指针变量向前或向后移动一个位置和地址加1或减1在概念上是不同的。向后移动1个位置表示指针变量指向下一个数组元素的地址，而不是在原地址基础上进行简单的加法运算。因为数组可以有不同的数据类型，各种数据类型的数组元素所占的字节长度是不同的。因而，p+n指向的是p指向的元素后的第n个元素，p−n指向的是p指向的元素前的第n个元素。例如：

```
int a[5], * pa;
pa = a;            /* pa 指向数组 a,也是指向 a[0] */
pa = pa + 2;       /* pa 指向 a[2],即 pa 的值为"&a[2]" */
```

(3) 指针变量的加减整数运算一般只对数组的指针变量进行，对指向其他数据类型变量的指针变量作加减整数运算一般是无意义的。

(* pa)++和* pa++的区别：

和++的优先级是相同的，结合性为自右至左。所以(pa)++相当于a[2]++；* pa++相当于*(pa++)，该表达式指向下一个数组元素a[3]。

4. 指针变量间的算术运算

指向数组单元的两个指针变量之间可以进行减法运算，运算结果为整型数据，表示两个指针变量所指数组元素之间的数组元素个数。例如：

```
int a[6],b, * p1 = &a[0], * p2 = &a[3];
b = p1 - p2;       /* 结果为 3,表示 p1 和 p2 所指数组元素之间有 3 个数组元素 */
```

5. 指针变量间的关系运算

指向同一数组的两指针变量进行关系运算，可表示它们所指数组元素之间的前后存储位置关系。例如：

表达式"pf1==pf2"为真时，表示pf1和pf2指向同一数组元素。

表达式"pf1>pf2"为真时，表示pf1存储的地址比pf2存储的地址高。

表达式"pf1<pf2"为真时，表示pf1存储的地址比pf2存储的地址低。

只有指向同一个数组的两个指针变量之间才进行指针运算，否则运算一般无意义。

6. 空指针

当指针 p 被赋值为 NULL 时，p 就是空指针，表示 p 不指向任何数据。在头文件 stdio.h 中，NULL 被定义为 0。习惯上不使用“p=0;”，而使用“p=NULL;”。但指针变量 p 可以与 NULL 作比较，例如：

```
if (p == NULL)
```

空指针不指向任何变量，与 p 未赋值不同。当 p 未赋值时，其值是不确定的；而空指针的值是确定的，意义也是明确的。

7.2.4 指针变量作函数参数

函数的参数可以为整型、字符型等数据，也可以为指针类型数据。当指针变量作为函数的参数时，其作用为将一个变量的地址传送到函数中。

〖做中学 7-1〗 将输入的两个整数按从大到小的顺序输出。

〖程序代码〗

```
#include <stdio.h>
void swap(int *p1,int *p2){
    int temp;
    temp = *p1; *p1 = *p2; *p2 = temp;
}
void main(){
    int a,b, *pa, *pb;
    printf("\n输入两个整数:\n");
    scanf("%d,%d",&a,&b);          /*用户输入两个数,分别给a、b*/
    pa = &a;                       /*将a的地址赋给指针变量pa*/
    pb = &b;                       /*将b的地址赋给指针变量pb*/
    if (a<b) swap(pa,pb);          /*交换pa、pb指向存储单元的值*/
    printf("按从大到小的顺序输出:\n");
    printf("%d,%d\n",a,b);
}
```

〖程序运行〗

```
输入两个整数：6,20
按从大到小的顺序输出：
20,6
```

〖程序解析〗

(1) 程序运行时，用户输入两个数 6 和 20。程序将 6 赋给变量 a，将 20 赋给变量 b，如图 7-3(a)所示。

(2) 程序判断 a 是否小于 b。由于 a 小于 b，调用函数 swap()。分配形参 p1 和 p2 的存储单元，将实参 pa 和 pb 的值传送给形参变量 p1 和 p2，采用了“值传递”方式。所以指针变量 pa 和 p1 均指向变量 a，指针变量 pb 和 p2 均指向变量 b，如图 7-3(b)所示。

(3) 执行函数 swap()中的函数体，即将“*p1”和“*p2”的值互换，如图 7-3(c)所示。

(4) 函数调用结束后，释放 p1 和 p2。内存中的数据如图 7-3(d)所示。

(a)

变量名	存储单元内容
	…
a	6
b	20
	…
pa	&a
pb	&b

p1、p2 未分配

(b)

变量名	存储单元内容
	…
a	6
b	20
	…
pa	&a
pb	&b
p1	&a
p2	&b

(c)

变量名	存储单元内容
	…
a	20
b	6
	…
pa	&a
pb	&b
p1	&a
p2	&b

(d)

变量名	存储单元内容
	…
a	20
b	6
	…
pa	&a
pb	&b

p1、p2 被释放

图 7-3 存储单元分配及内容变化

〖知识点〗

C 语言中实参变量和形参变量之间的数据传递为从实参到形参的单向传递。指针变量作为函数形参也必须遵循这一规则。

当函数的形参为指针变量时，实参与形参的结合方式也是“值传递”，但可以理解为“地址传递”。这种实参与形参的结合方式的特点是：函数中对形参的任何修改，都会影响实参的值。

视频

数组与指针

7.3 数组与指针

一个数组是由一块连续的内存单元组成的，C 语言中数组名就是这块连续内存单元的首地址。

7.3.1 数组指针

把指向数组的指针称为数组指针。因为数组名代表数组的首地址，是指针常量，所以可以把数组名赋给指针变量。例如：

```
char a[20];
char *p;
p=a;
```

在定义指针变量的同时也可以对其进行初始化，上例可以写为：

```
char a[20];
char *p=a;
```

指针变量的数据类型和数组的数据类型应该一样。

一个指针变量既可以指向一个数组，也可以指向某个数组元素。如要使指针变量指向第 i 个元素，可以把第 i 元素的地址赋给该指针变量。例如：

```
int a[10];
int *p;i=5;
p=&a[0];
```

这里 p、a 和“&a[0]”均为数组第 1 个元素 a[0]的地址，那么“p+i”“a+i”“&a[i]”为第 i+1 个元素 a[i]的地址，或者认为它们都指向数组的第 i+1 个元素。“*(p+i)”和“*(a+i)”为引用a[i]，它们指向数组的第 i+1 个元素。

“p+i”的含义是指向第 i+1 个数组元素。例如，如果数组为整型数组，每一个元素占用 2 个字节的内存单元，“p+i”所代表的地址大小为“p+i*2”。

数组名是一个常量，其在程序运行期间是固定不变的，不能进行赋值运算。假设 a 为数组名，“a++”或“a+=1”均为错误的表达式。

引用数组 a 第 i+1 个数组元素的方法：

(1) 下标法 a[i]，使用下标法比较直观，但费时。

(2) 首地址加偏移量 *(a+i)，运行速度比较快。

(3) 指针法 *(p+i)，其中 p 是指向数组的指针变量，初始化为“p=a;”。使用指针法可以使目标程序占内存少、运行速度快。

〖做中学 7-2〗 利用指针访问数组。

〖程序代码〗

```
#include <stdio.h>
#define N 4
```

```
void main(){
    int a[N], *p,i;
    p=a;
    printf("请给一个数组a[%d]赋值:\n",N);
    for (i=0;i<N;i++) {
        printf("a[%d]=",i);
        scanf("%d",a+i);            /*通过键盘读入第i+1个元素的值。*/
    }
    printf("你赋给数组a[%d]的值如下:\n",N);
    for (i=0;i<N;i++)
        printf("a[%d]=%d\t",i,*p++);    /*利用指针访问数组元素*/
}
```

【程序运行】

```
请给一个数组a[4]赋值:
a[0]=3↙
a[1]=12↙
a[2]=23↙
a[3]=15↙
你赋给数组a[4]的值如下:
a[0]=3␣␣a[1]=12␣a[2]=23␣a[3]=15␣
```

视频

数组作为函数参数

7.3.2 数组作为函数参数

在C编译系统中是将形参数组名当作指针变量进行处理的。故在函数定义中“void sort(int x[],int n)”与“void sort(int *x,int n)”两种写法是等价的。

函数的形参和实参都可使用指向数组的指针变量或数组名，于是函数形参和实参的配合有四种等价形式，见表7-1，这四种等价形式从本质上讲是等同的。在主函数中如果想通过调用函数来改变一段连续内存中的数据，可用这四种方法实现。

表7-1 形参与实参的配合

形参	实参
数组名	数组名
数组名	指针变量
指针变量	数组名
指针变量	指针变量

（1）形参、实参均为数组名。

（2）形参为数组名、实参为指针变量。调用发生时，传递指针变量的值给形参数组，此时形参数组名与指针变量指向同一段内存。如果被调用函数引用数组名对该段内存中的数据作了修改，函数调用结束后，调用函数再次使用数组元素时，这些值就是已经变化了的值。

〖做中学 7-3〗 分析程序运行结果。

〖程序代码〗

```
#define N 10
#include <stdio.h>
void paixu(int u[N],int v[N]);
void main(){
    int i,a[N],b[N], * pa, * pb;
    pa = &a[0];pb = &b[0];
    for(i = 0;i<N;i ++ )
        a[i] = i % 5 + i/5;
    printf("数组的数据如下:\na: ");
    for(i = 0;i<N;i ++ )
        printf(" %d ",a[i]);
    printf("\nb: ");
    for(i = 0;i<N;i ++ )
        printf(" %d ",b[i]);
    paixu(pa,pb);
    printf("\n逆序排列后:\na: ");
    for(i = 0;i<N;i ++ )
        printf(" %d ",a[i]);
    printf("\nb: ");
    for(i = 0;i<N;i ++ )
        printf(" %d ",b[i]);
    printf("\n");
}
void paixu(int x[],int y[]){
    int i,temp;
    for(i = 0;i<N;i ++ ) y[i] = x[i];
    for(i = 0;i<N/2;i ++ ) {
        temp = x[i];
        x[i] = x[N - i - 1];
```

```
            x[N-i-1]=temp;
        }
    }
```

〖程序运行〗（VS 环境下的运行结果）

```
数组的数据如下：
a:␣0␣1␣2␣3␣4␣1␣2␣3␣4␣5
b:␣-858993460␣-858993460␣-858993460␣-858993460␣-858993460␣
-858993460␣-858993460␣-858993460␣-858993460␣-858993460
逆序排列后：
a:␣5␣4␣3␣2␣1␣4␣3␣2␣1␣0
b:␣0␣1␣2␣3␣4␣1␣2␣3␣4␣5
```

〖程序解析〗

函数 paixu()的执行过程如图 7-4 所示。通过实参 pa 把数组 a 的首地址传给了形参数组 u，使得数组 a 和数组 u 对应同一段内存空间。函数 paixu()中对数组 u 逆序排序，结果使数组 a 中的数据逆序排序了。

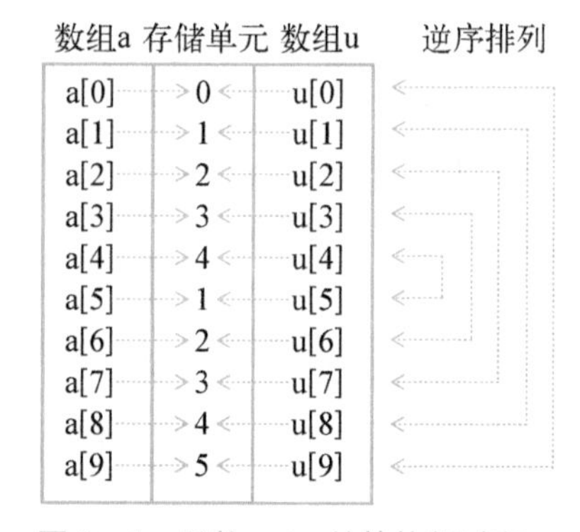

图 7-4　函数 paixu()的执行过程

（3）形参为指针变量、实参为数组名。函数调用发生时，把数组名作为函数的实参传递给形参指针变量，此时实参数组名与指针变量指向同一段内存。当被调用函数按指针变量引用方式对该段内存中的数据作了修改，函数调用结束后，调用函数再次使用数组元素时，这些值就是已经变化了的值。

（4）形参、实参均为指针。当需要函数之间进行多个数据的传递时，可以利用指针作为函数的参数。实参指针必须赋予数组的首地址，函数调用发生时，实参指针与形参指针指向同一段内存。如果被调用函数对该段内存中的数据作了修改，函数调用结束后，调用函数再次使用数组元素时，这些值就是已经变化了的值。

〖做中学 7-4〗　对〖做中学 7-3〗的程序做出修改。

【程序代码】

```
#define N 10
#include <stdio.h>
void paixu(int *x,int *y);
void main(){
    int i,a[N],b[N],*pa,*pb;
    pa=&a[0];pb=&b[0];
    for(i=0;i<N;i++)
        a[i]=i%5+i/5;
    printf("\n数组的数据如下:\na: ");
    for(i=0;i<N;i++)
        printf(" %d ",a[i]);
    printf("\nb: ");
    for(i=0;i<N;i++)
        printf(" %d ",b[i]);
    paixu(pa,pb);
    printf("\n逆序排列后:\na: ");
    for(i=0;i<N;i++)
        printf(" %d ",a[i]);
    printf("\nb: ");
    for(i=0;i<N;i++)
        printf(" %d ",b[i]);
    printf("\n");
}
void paixu(int *x,int *y){
    int i,temp,*t;
    t=x;
    for(i=0;i<N;i++) *y++ = *x++;
    x=t;
    for(i=0;i<N/2;i++){
        temp= *(x+i);
        *(x+i) = *(x+N-i-1);
        *(x+N-i-1)=temp;
    }
}
```

〖程序运行〗（VS 环境下的运行结果）

```
数组的数据如下：
a: 0 1 2 3 4 1 2 3 4 5
b: -858993460 -858993460 -858993460 -858993460 -858993460
-858993460 -858993460 -858993460 -858993460 -858993460
逆序排列后：
a: 5 4 3 2 1 4 3 2 1 0
b: 0 1 2 3 4 1 2 3 4 5
```

程序的运行结果与〖做中学 7-3〗完全相同。

实参数组名代表一个固定的地址，相当于指针常量；而形参数组名并不是一个固定的地址值。

7.4 结构体与指针

视频

指向结构体变量的指针引用

〖做中学 7-5〗 输入 5 个考生的姓名及考试成绩，并统计各科的平均成绩。

〖程序代码〗

```
#include <stdio.h>
#define N 5
struct stu{
    char name[30];
    float score[3];
}stu1[N];
void main(){
    struct stu *p=stu1;
    int i,j;
    float aver[3]={0};
    printf("\n 请输入考生姓名及三门课的成绩:\n");
    for (i=0;i<N;i++) {
        printf("第%d名学生: ",i+1);
        scanf("%s  %f",(p+i)->name,&(p+i)->score[0]);
        scanf("  %f  %f",&(p+i)->score[1],&(p+i)->score[2]);
    }
    for (i=0;i<3;i++){    /*计算每科的总成绩*/
        for (j=0;j<N;j++)
```

```
        aver[i] = aver[i] + (p + j) - >score[i];
                                /* 累计结构体数组元素中的成员数组元素值 */
    }
    printf("平均成绩:\n 第一科: %3.1f ",aver[0]/N);
    printf("第二科: %3.1f 第三科: %3.1f\n",aver[1]/N,aver[2]/N);
}
```

【程序运行】

```
请输入考生姓名及三门课的成绩:
第 1 名学生:Mike  77 88 99↙
第 2 名学生:Drake 56 77 88↙
第 3 名学生:Nele  67 78 73↙
第 4 名学生:Namu  77 55 44↙
第 5 名学生:Yark  73 83 93↙
平均成绩:
第一科:70.0 第二科:76.2 第三科:79.4
```

【程序解析】 本例中使指针变量 p 指向 stu1 结构体数组。指针 p 移动的示意图如图 7-5 所示。

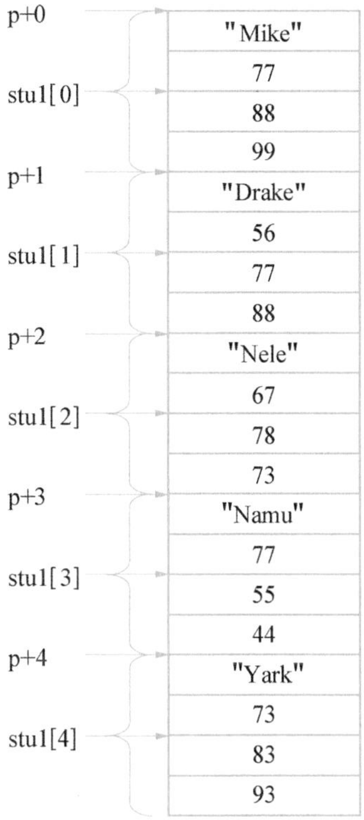

图 7-5 指针 p 移动的示意图

视频

指向结构体变量的指针定义

〖知识点〗

(1) 指向结构体变量的指针。定义了结构体类型之后,可以定义结构体变量,也可以定义指向结构体变量的指针。

```
struct stu *p, a={"张文",78,80,88}; /*stu 结构类型在前面已定义*/
p=&a;
```

使用指向 a 的指针 p 同样可以实现结构体元素的成员的引用,即使用"(*p)"通过逐级引用到最低一级的成员,来实现结构体变量的引用。例如,(*p).name。

另外,在C语言中也可以使用指向结构体成员运算符"->"来实现结构体变量的引用。例如,p->name。

综上所述,现在共有三种引用结构体成员变量的格式:

① **结构体变量.成员名**。例如,stu1.name。

② **(*指针变量).成员名**。例如,(*p).name。

③ **指针变量->成员名**。例如,p->name。

(2) 指向结构体数组的指针。一个指针变量可以指向一个结构体数组,也就是可以将该数组的起始地址赋给此指针变量,例如:

```
struct {
    int a;
    float b;
}arr[3], *p;
p=arr;
```

p 指向 arr 数组,即指向 arr 数组的第一个元素,如图 7-6 所示。若执行"p++;",指针变量 p 指向 arr[1]。

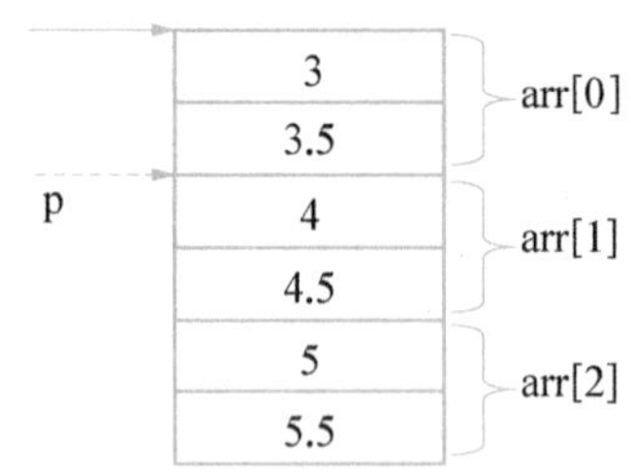

图 7-6 指向结构体数组的指针

7.5 字符串与指针

在C语言中,可以通过字符数组和字符指针两种方法存取字符串。利用字符数组存取字符串的方法见模块四,本节主要讲授利用字符指针存取字符串的方法。

〖做中学 7-6〗 利用字符指针输出字符串。

〖程序代码〗

```
#include <stdio.h>
void main(){
    char *zf = "我来自中国!";
    printf("%s\n",zf);
}
```

〖程序运行〗

我来自中国!

〖程序解析〗 本例中没有定义字符数组，而是定义了一个字符指针变量 zf，并将其初始化为字符串常量"我来自中国!"。

在 C 语言中，字符串常量实际上还是按数组方式存储的。本例中把字符串常量在内存中的首地址赋给指针变量 zf，而不能理解为把字符串常量赋给指针变量。

〖知识点〗

(1) 字符数组和字符指针的概念不同。

(2) 字符数组和字符指针均可以使用格式控制符“%s”将字符串常量整体输出。

(3) 由于 C 语言中字符串是按字符数组的方式进行存储的，所以对字符串中的字符也可以用下标和指针两种方法进行访问。

(4) 字符串指针的初始化。“char *ps={"Program"};”是正确的，不可以写成“char *ps; ps={"Program"};”。

(5) 字符指针代表一个字符串，而利用字符指针的间接访问代表一个字符。例如，字符指针 ps 代表字符串"Program"，而 *ps 代表字符'P'。

〖做中学 7-7〗 利用指针将字符串 a 复制到字符串 b。

〖程序代码〗

```
#include <stdio.h>
void main(){
    char a[] = "I am happy";
    char b[20], *pa, *pb;
    for(pa = a,pb = b; *pa! ='\0';pa++,pb++)
        *pb = *pa;
    *pb ='\0';                    /*为数组b添加一个字符串结束符'\0'*/
    printf("\n字符串a:%s",a);
    printf("\n字符串b:");
    for(pb = b; *pb! ='\0';pb++)
```

```
        printf("%c", *pb);
}
```

〖程序运行〗

字符串 a:I am happy
字符串 b:I am happy

7.6 函数与指针

视频

函数与指针

7.6.1 指针函数

函数类型是指函数返回值的数据类型。在C语言中允许一个函数的返回值的数据类型是整型、字符型、实型等数据类型,也可以是指针数据类型。这种返回指针数据类型的函数称为指针型函数。

定义指针型函数的语法格式为:

返回数据类型 *函数名(形参表){
函数体
}

函数名之前加了"*"号,表示这是一个指针型函数,即返回值是一个指针。返回数据类型表示了返回的指针所指向的数据类型。例如:

```
int *pp(int x,int y){
  ...     /*函数体*/
}
```

〖做中学 7-8〗 键盘输入三个数,求三个数中的最大值。

〖程序代码〗

```
#include <stdio.h>
float *max(float *x,float *y,float *z){
    float max, *p;
    max = *x,p = x;
    if (max< *y) {p = y;max = *y;}
    if (max< *z) p = z;
    return p;
}
void main(){
    float a,b,c, *p;
```

```
    printf("请输入三个数据:");
    scanf("%f,%f,%f",&a,&b,&c);
    p = max(&a,&b,&c);
    printf("最大值:%5.2f\n",*p);
}
```

【程序运行】

```
请输入三个数据:12,67,0.78↙
最大值:67.00
```

【程序解析】 函数中比较三个参数所指向变量的值的大小,并将最大值变量地址返回。只有指针变量可以存放变量的地址,所以函数的返回值定义为指向 float 型的指针变量。

函数中应该返回有确定值的指针,否则在使用中会出现错误。

7.6.2 函数指针

C 语言中的指针,既可以指向变量,也可以指向函数。C 语言中,一个函数占用一段连续的内存区,函数名就是该函数所占内存区的首地址。可以把函数的首地址赋予一个指针变量,使指针变量指向函数,然后通过指针变量就可以找到并调用这个函数。把这种指向函数的指针变量称为函数指针变量。

1. 函数指针变量的定义

函数指针变量定义的语法格式为:

返回数据类型(*指针变量名)(形参列表);

返回数据类型表示被指函数的返回值的类型。"*"后面的变量是定义的指针变量,最后的圆括号表示指针变量所指的是一个函数。例如:

```
int (*pf)();
```

2. 函数指针的使用

【做中学 7-9】 求两个数中的较大数。

【程序代码】

```
#include <stdio.h>
int max(int x,int y);
void main(){
    int a,b,c;
    int (*pf)(int,int);
    pf = max;
```

```
    scanf("%d,%d",&a,&b);
    c=(*pf)(a,b);
    printf("a=%d,b=%d\nmax=%d\n",a,b,c);
}
int max(int x,int y){
    return x>y? x:y;
}
```

〖程序运行〗

```
34,78↙
a=34,b=78
max=78
```

〖程序解析〗

(1) 语句“int (*pf)(int,int);”定义了一个函数指针变量 pf,它可以指向返回类型为整型、具有两个整型形参的所有函数。

(2) 语句“pf=max;”把函数 max()的入口地址赋给函数指针 pf,即让函数指针 pf 指向函数 max()。

(3) 语句“c=(*pf)(a,b);”利用函数指针 pf 调用 max()函数,a、b 为实参。

对于指向函数的指针变量 pf,像“pf++”“pf--”“pf+n”等运算是无意义的。

〖知识点〗

利用函数指针变量调用函数的一般步骤:

(1) 先定义函数指针变量。

(2) 把被调用函数的入口地址(函数名)赋予函数指针变量。

(3) 用函数指针变量形式调用函数,调用函数的一般形式为:**(*指针变量名)(实参表)**,例如“c=(*pf)(a,b);”。

边学边练

〖练中学 7-1〗 编写一个字符串拷贝函数。

〖程序代码〗

```
#define N 12
#include <stdio.h>
void strcopy(char *s,char *t){
```

```
    for(; *s! ='\0';s++,t++) *t= *s;
    *t='\0'; /*字符指针代表是整个字符串,字符指针的间接访问代表的是字符*/
}
void main(){
    char source[N] = "operation",destination[N];
    printf("源字符串:%s\n",source);
    strcopy(source,destination);
    printf("目的字符串:%s\n",destination);
}
```

〖程序运行〗

源字符串:operation
目的字符串:operation

〖练中学 7-2〗 顺序查找指针数组中的字符串。

〖算法设计〗 顺序查找又称线性查找,是最基本最简单的查找方法。其方法是:从指针数组(数组元素为指针)的第一个元素开始,逐项与指针数组中的元素比较。如果找到所需字符串,则查找成功;如果整个指针数组查找完毕,仍未找到所需的字符串,则查找失败。

〖程序代码〗

```
#include <stdio.h>
#include <string.h>
char *week_day[8] = {"sunday","monday","tuesday","wednesday", "thursday",
                     "friday",
    "saturday",NULL};
/*说明指针数组。数组中的每个元素指向一个字符串*/
int lookup(char *ch);
void main(){
    int l;char string[20];
    printf("输入一个表示星期的字符串(如 sunday):");
    scanf("%s",string);
    l = lookup(string);
    printf("这是数组中的%d个元素。\n",l);
}
int lookup(char *ch){                          /*传递字符串(字符数组)*/
    int i;
```

```
    for(i = 0;week_day[i]! = NULL;i + + ){      /* 开始查找工作 */
        if (! strcmp(week_day[i],ch))
        return(i);                              /* 若找到则返回对应的序号 */
    }                                           /* 完成查找工作 */
    return( - 1);
}
```

〖程序运行〗

```
输入一个表示星期的字符串(如 sunday): tuesday↙
这是数组中的 2 个元素。
```

〖程序解析〗 week_day 是指针数组，使用指针数组比使用二维字符数组有两个明显的优点，一是指针数组中各个元素所指的字符串的长度可以不相同，二是访问指针数组中的一个元素是用指针间接进行的，效率比下标方式要高。

〖练中学 7 - 3〗 编程实现求几个数学函数定积分的程序。

$$y1 = \int_{-1}^{1}(1 + x^2)\mathrm{d}x \quad y2 = \int_{-2}^{2}(1 + x + x^2 + x^3)\mathrm{d}x \quad y3 = \int_{-3.5}^{3.5}\left(\frac{x}{1 + x^2}\right)\mathrm{d}x$$

〖算法设计〗 由于均为求定积分的问题，所以先把函数放在坐标系中，分成 n 块与坐标轴围成的小面积，随着 n 值的增大，n 个近似矩形的面积和，即为函数的定积分，如图 7 - 7 所示。其中：

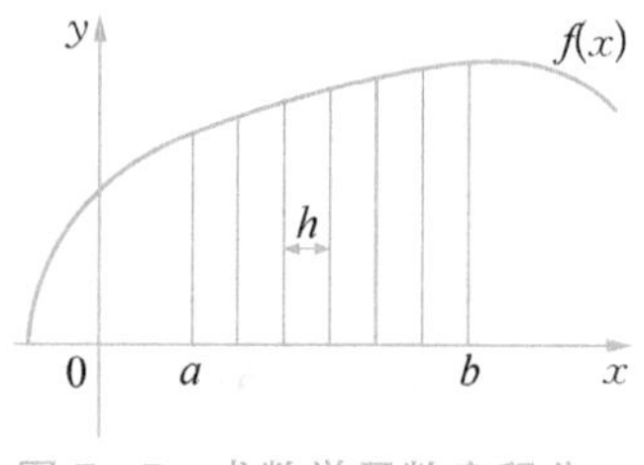

图 7 - 7 求数学函数定积分

n 为将区间$[a, b]$等分的份数；

h 为每份区间的长度，即 $h = (b - a)/n$。

在区间$[a, b]$的定积分的计算方法为：

$$s = h\left[\frac{f(a) + f(b)}{2} + f(a + h) + f(a + 2h) + f(a + 3h) + \cdots + f(a + (n - 1)h)\right]$$

编写一个求定积分的通用函数 integral()，该函数有 3 个形参：指向函数的指针变量、上限和下限。函数的原型为：

```
float integral(double ( * fun)(double), double a, double b);
```

再分别编写三个求下列一元数学函数的子程序：

$$f1(x) = 1 + x^2$$

$$f2(x) = 1 + x + x^2 + x^3$$

$$f3(x) = x/(1 + x^2)$$

〖程序代码〗

```
#include <stdio.h>
double f1(double x){
    double f;
    f = 1 + x * x;
    return f;
}
double f2(double x){
    double f;
    f = 1 + x + x * x + x * x * x;
    return f;
}
double f3(double x){
    double f;
    f = x/(1 + x * x);
    return f;
}
double integral(double( * fun)(double),double a,double b){
    double s,h,y;
    long n,i;
    s = (( * fun)(a) + ( * fun)(b))/2;
    n = 1000000;
    h = (b - a)/n;
    for (i = 1;i<n;i ++ )
        s = s + ( * fun)(a + i * h);
    y = s * h;
    return y;
}
void main(){
    double y1,y2,y3;
    y1 = integral(f1, - 1.0,1.0);
    y2 = integral(f2, - 2.0,2.0);
    y3 = integral(f3, - 3.5,3.5);
    printf("\n运算结果:\n");
    printf("y1 = % - 10.4f\ty2 = % - 10.4f\ty3 = % - 10.4f\n",y1,y2,y3);
}
```

〖程序运行〗

运算结果：
y1 = 2.6667　　　　y2 = 9.3333　　　　y3 = 0.0000

〖程序解析〗 在主函数中调用函数 integral()时，为其传递了三个实参，其中函数名(f1、f2 或 f3)作为实参将其函数入口地址传递给形参 fun。在第一次调用函数 integral()时，其中的(* fun)(a)和(* fun)(b)分别相当于 f1(-1.0)和 f1(1.0)。执行 integral()就得到函数 f1( )、f2( )、f3( )分别在区间[-1.0,1.0]、[-2.0,2.0]、[-3.5,3.5]上的定积分。

拓展提升

命令行参数

总结归纳

模块七的内容结构如图 7-8 所示。

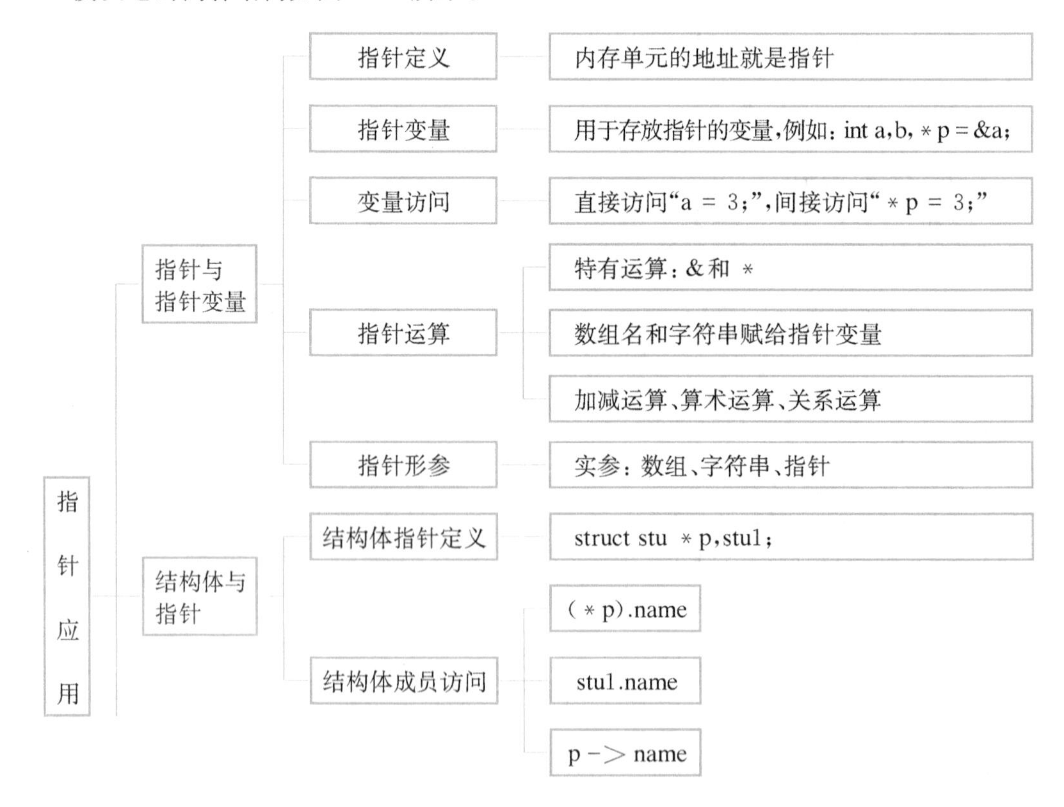

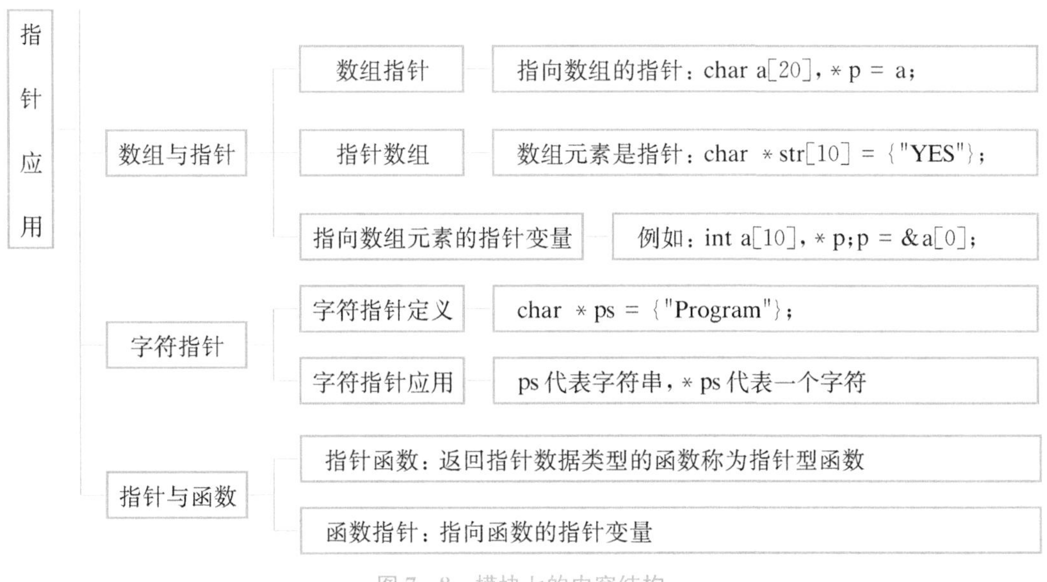

图 7-8　模块七的内容结构

强化练习

7-1　选择题

1. 若有说明"int i,j=2,*p=&i;",能完成"i=j"赋值功能的语句是(　　)。

A) i= * p;　　B) * p= * &j;　　C) i=&j;　　D) p= ** p;

2. 以下选项中,不能正确赋值的是(　　)。

A) char s1[10];s1="ABD";　　B) char s3[20]="Ccst";

C) char s2[ ]={'a','b','c'};　　D) char * s4="Ccst";

3. 下列程序执行后的输出结果是(　　)。

```
#include <stdio.h>
void fun(int * x,int * y){
    printf("%d  %d", * x, * y);
    * x = 3;
    * y = 3;
}
void main(){
    int x = 1,y = 2;
    fun(&y,&x);
    printf("%d  %d",x,y);
}
```

A) 2␣14␣3　　B) 1␣21␣2　　C) 1␣23␣4　　D) 2␣13␣3

4. 下列程序执行后的输出结果是(　　)。

```
#include <stdio.h>
void main(){
    char a[10] = {9,8,7,6,5,4,3,2,1,0}, *p = a + 5;
    printf("%d", *--p);
}
```

A) 有非法操作　　B) a[4]的地址　　C) 5　　D) 3

5. 下列程序执行后的输出结果是(　　)。

```
#include <stdio.h>
void fun(int *a,int *b){
    int *k;
    k = a;a = b;b = k;
}
void main(){
    int a = 3,b = 6, *x = &a, *y = &b;
    fun(x,y);
    printf("%d  %d",a,b);
}
```

A) 6␣3　　B) 3␣6　　C) 编译出错　　D) 0 0

6. 下列程序执行后的输出结果是(　　)。

```
#include <stdio.h>
void main(){
    int a[] = {1,2,3,4,5,6,7,8,9,0}, *p;
    p = a;
    printf("%d\n", *p + 9);
}
```

A) 0　　B) 1　　C) 10　　D) 9

7. 下列程序执行后的输出结果是(　　)。

```
#include <stdio.h>
void main(){
```

```
    int i,k,a[10],p[3];
    k = 5;
    for(i = 0;i<10;i ++ )  a[i] = i;
    for(i = 0;i<3;i ++ )  p[i] = a[i * (i + 1)];
    for(i = 0;i<3;i ++ )  k + = p[i] * 2;
    printf(" % d\n",k);
}
```

A) 20　　B) 21　　C) 22　　D) 23

8. 有如下程序段：

```
int  * p,a = 10,b = 1;
p = &a; a = * p + b;
```

执行该程序段后，a 的值是(　　)。

A) 12　　B) 11　　C) 10　　D) 编译出错

9. 数据类型相同的两个指针之间，不能进行的运算是(　　)。

A) <　　B) =　　C) +　　D) -

10. 以下函数返回数组 a 中最小元素的下标值。在下画线处应填入的内容是(　　)。

```
int fun(int  * a,int n){
    int i,j = 0,p = j;
    for(i = j;i<n;i ++ )
        if (a[i]<a[p])________;
    return(p);
}
```

A) i=p　　B) a[p]=a[i]　　C) p=j　　D) p=i

11. 若有如下说明：

```
int a[10] = {1,2,3,4,5,6,7,8,9,10}, * p = a;
```

则数值为 9 的表达式是(　　)。

A) * p+9　　B) * (p+8)　　C) * p+=9　　D) p+8

12. 下列程序执行后的输出结果是(　　)。

```
#include <stdio.h>
void main(){
```

```
    char s[] = "ABCD", *p;
    for(p = s + 1;p<s + 4;p++)
        printf("%s    ",p);
}
```

A) ADCD␣␣BCD␣␣CD␣␣D　　B) A␣␣B␣␣C␣␣D

C) B␣␣C␣␣D　　D) BCD␣␣CD␣␣D

13. 下列程序执行后的输出结果是(　　)。

```
#include <stdio.h>
void func(int *a,int b[]){
    b[0] = *a + 6;
}
void main(){
    int a,b[5];
    a = 0;
    b[0] = 3;
    func(&a,b);
    printf("%d \n",b[0]);
}
```

A) 6　　B) 7　　C) 8　　D) 9

14. 下列程序执行后的输出结果是(　　)。

```
#include <stdio.h>
int b = 2;
int func(int *p){
    b += *p;
    return(b);
}
void main(){
    int a = 2,res = 2;
    res += func(&a);
    printf("%d\n",res);
}
```

A) 4　　B) 6　　C) 8　　D) 10

15. 下列程序执行后的输出结果是(　　)。

```
#include <stdio.h>
void main(){
    char a[10] = {'1','2','3','4','5','6','7','8','9','\0'}, *p;
    int i;
    i = 8;
    p = a + i;
    printf("%s\n",p - 3);
}
```

A) 6　　B) 6789　　C) '6'　　D) 789

16. 下列程序执行后的输出结果是(　　)。

```
#include <stdio.h>
void main(){
    int a[] = {1,2,3,4,5,6,7,8,9,10,11,12};
    int *p = a;
    printf("%d  %d\n", *p, * + +p);
}
```

A) 1　2　　B) 2　2　　C) 1　1　　D) 2　1

17. 若已定义:"int a[9], *p=a;",并在以后的语句中未改变 p 的值,不能表示 a[1]的地址的表达式是(　　)。

A) p+1　　B) a+1　　C) a++　　D) ++p

18. 若有说明:"long *p, a, b;",则不能通过 scanf()语句正确地读入数据的程序段是(　　)。

A) p=&a;scanf("%ld",p);　　B) p=&b;scanf("%ld",p);

C) scanf("%ld",p=&a);　　D) scanf("%ld",&b);

19. 下列程序的功能是把数组元素中的最大值放入 a[0]中。则 if 语句的条件表达式应该是(　　)。

```
#include <stdio.h>
void main(){
    int a[10] = {6,7,2,9,1,10,5,8,4,3 }, *p = a,i;
    for(i = 0;i<10;i ++ ,p ++ )
        if (________) a[0] = *p;
```

```
    printf("%d",a[0]);
}
```

A) p>a　　B) *p>a[0]　　C) *p>*a[0]　　D) *p[0]>*a[0]

20. 下列程序执行后的输出结果是(　　)。

```
#include <stdio.h>
void main() {
    char *s = "abcde";
    s+ =2;
    printf("%s\n",s);
}
```

A) cde　　B) 字符 c 的 ASCII 码值

C) 字符 c 的地址　　D) 出错

7-2　填空题

1. 下列程序执行后的输出结果是________。

```
#include <stdio.h>
void main(){
    char s[] = "ancde", *p;
    for (p = s;p<s + 2;p ++ )
        printf("%s    ",p);
}
```

2. 下列程序执行后的输出结果是________。

```
#include <stdio.h>
void main(){
    char b[] = "hello,you", *p = b;
    *(p+5) = 0;
    printf("%s\n",b);
}
```

3. 下列程序执行后的输出结果是________。

```
#include <stdio.h>
void fun(int *n){
    while ((*n) --);
```

```
    printf("%d",++(*n));
}
void main(){
    int a=100;
    fun(&a);
}
```

4. 下列程序执行后的输出结果是________。

```
#include <stdio.h>
void main(){
    int a[]={33,45,73,44,22,55,56,30},*p=a;
    p++;
    printf("%d\n",*(p+3));
}
```

5. 下列函数用于求出两个整数之和，并通过形参将结果返回，请填空。

```
int sum(int x,int y,int ________){
    *z=x+y;
    return(*z)
}
```

6. 若有以下定义，则不移动指针 p，且通过指针 p 引用值为 98 的数组元素的表达式是________。

```
int w[10]={999,63,40,23,98,34,45,54},*p=w+2;
```

7-3 实训题

1. 利用指针，编写一个字符串比较函数，并调试。
2. 仿照〖练中学 7-3〗编写一个程序，求 sin x 和 cos x 函数在[−90, 90]之间的定积分。
3. 用指针方法，将键盘输入的三个整数，按降序排序并输出。

文本

参考答案
（模块七）

模块八　文件操作训练

能力目标

(1) 掌握文件类型指针的概念；
(2) 掌握文件打开与关闭的方法；
(3) 掌握字符读写函数 fgetc()函数和 fputc()函数的运用方法；
(4) 理解数据块读写函数 fread()函数和 fwrite()函数；
(5) 了解格式读写函数 fscanf()函数和 fprintf()函数。

知识准备

〖引例任务〗 文本文件的读取。

〖程序代码〗

```
#include <stdio.h>
void main(){
    FILE *fp1;
    char file[100];
    char b[1000];
    printf("要读取文本文件！请输入文件名：");
    scanf("%s",file);
    if((fp1=fopen(file,"r"))==NULL){  /*判断文件打开操作是否失败*/
        printf("不能打开此文件。\n");
        return;
    }
    do{
        fscanf(fp1,"%s,",b);
```

```
        printf(" % s\n",b);
    }while(! feof(fp1));
    printf("\n------读取完毕------\n");
    fclose(fp1);
}
```

〖程序运行〗

```
要读取文本文件！请输入文件名:x.txt↙
89,-21,0,7.8,8.9,0,571,-9.8,0,45.882,-8.912,243,0,-56.243
------读取完毕------
```

〖引例解析〗 对一个文件的操作包括打开文件、读写文件和关闭文件三步。

由键盘输入文本文件的名称字符串，存放到字符数组 file 中，用 fopen()函数以读方式打开文本文件，用 fscanf()函数循环读取文本文件内容，用 feof()函数判断文件是否读结束，最后用 fclose()函数关闭文件。

本模块的主要内容是学习文件系统，文件指针及文件操作过程，文件的字符读写、数据块读写及格式读写函数。

8.1 C 语言的文件系统

8.1.1 文件内容的存储

根据数据的组织形式，C 语言文件系统把文件分为 ASCII 码文件和二进制文件。ASCII 码文件又称为文本文件，每一个字节存放一个 ASCII 码，代表一个字符；二进制文件则把内存中的数据按其在内存中的存储形式按原样输出到磁盘上，即每一个字节存放一个二进制数据。例如，整型数 12 345，用文本文件存储时占 5B，用二进制文件存储时则只占 2B，如图 8-1 所示。

图 8-1 文件存储形式

从图 8-1 可以看出，使用文本文件存储数值型数据时需要将计算机内存中的数据由二进制转换为多个 ASCII 码，会占据较多的磁盘存储空间；使用二进制文件存储就不必进行转换，可以节省磁盘存储空间。由于文本文件便于显示，便于用户直接读写，因而常用于保存最终运行结果；而二进制文件则多用于保存中间结果、原始数据。

C语言文件系统中的文件实际上是一个字符流或者二进制流，也称为流式文件。在C语言中对文件的存取都是以字节为单位进行的，文件的输入输出受程序的控制。C文件系统将文件简单地看作字节(字符)的序列，即文件是由一个一个的字节(ASCII字符)数据顺序组成，最后用一个文件结束标记来结束的。

8.1.2 缓冲文件系统

ANSI C标准规定，采用缓冲文件系统来处理文件，即无论是文本文件，还是二进制文件，都使用缓冲文件系统来处理，缓冲文件的输入输出过程如图8-2所示。

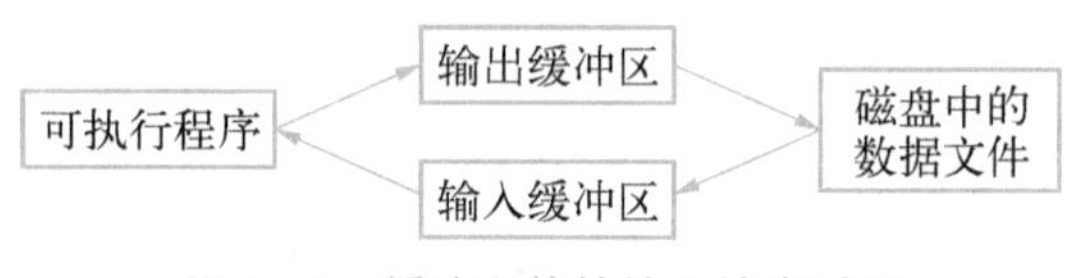

图8-2 缓冲文件的输入输出过程

对于缓冲文件系统，可执行程序读取数据时，是从缓冲区中读取数据，当缓冲区中的数据被读完后，文件系统再读取磁盘中的文件数据到缓冲区。同理，可执行程序写入数据，也是向缓冲区写入数据，当缓冲区被写满数据后，文件系统才将缓冲区中的数据写入磁盘中文件。

8.2 文件的打开与关闭

在对文件进行读写操作之前，应该先打开文件，实际上就是建立输入或输出缓冲区；而在使用完文件之后应该关闭该文件，实际上就是释放输入或输出缓冲区。C语言程序对文件的打开和关闭都是通过调用标准库函数来实现的。

8.2.1 文件的打开

C语言中使用fopen()函数来打开文件。语法格式为：

FILE * fopen (char * filename,char * mode);

函数fopen()的第一个参数filename是要打开文件的文件名，该参数可以为字符串、字符数组名或者字符指针；函数fopen()的第二个参数mode是使用文件的存取方式，即打开文件是为了读还是写，文件存取方式及其含义见表8-1。

表8-1 文件存取方式及其含义

mode	含　义	mode	含　义
r	为输入打开一个文本文件	r+	为读写打开一个文本文件
w	为输出打开一个文本文件	w+	为读写建立一个新的文本文件
a	向一个文本文件尾部追加数据	a+	为读写打开一个文本文件
rb	为输入打开一个二进制文件	rb+	为读写打开一个二进制文件
wb	为输出打开一个二进制文件	wb+	为读写建立一个新的二进制文件
ab	向一个二进制文件尾部追加数据	ab+	为读写打开一个二进制文件

说明：

(1)“r”方式：打开已经存在的文本文件，从中读取数据。如果文件打开成功，

fopen()函数返回指向该文件的指针，且文件指针将指向文件的起始处；如果文件打开不成功，返回 NULL。

(2) "w"方式：打开文本文件，向其写数据。如果指定文件名的文件不存在，则新建一个以指定的文件名命名的文本文件，fopen()函数返回该文件的指针；如果指定文件名的文件存在，则打开该文件并将文件中的数据删除，然后返回这个被打开的文件的指针，并指向该文件的起始处。如果文件打开不成功，返回 NULL。

(3) "a"方式：用于以追加的方式打开文本文件，即在文件的末尾添加数据。如果指定文件名的文件不存在，则新建一个文件，fopen()函数返回该文件的指针；如果指定文件名的文件存在，则打开该文件，fopen()函数返回这个文件的指针。以"a"方式打开文件后，文件指针将指向文件的结尾处。如果文件打开不成功，返回 NULL。

(4) "rb""wb"和"ab"方式：适用于二进制文件的操作，功能分别与文本文件存取方式"r""w"和"a"相同。

(5) "r+""w+"和"a+"方式：既可以用来从文件中读取数据，也可以用来向文件输出数据。使用"r+"方式时，该文件应该已经存在；使用"w+"方式时，如果文件存在，就先删除其中内容，新建一个文件；用"a+"方式打开或建立一个文件，既可以在文件的末尾添加数据，又可以从头到尾读取文件中的数据。使用"r+"和"w+"方式打开的文件，文件指针将指向文件的起始处；使用"a+"方式打开的文件，文件指针将指向文件的结尾处。如果文件打开成功，返回 NULL。

(6) "rb+""wb+"和"ab+"方式：适用于二进制文件的操作，其使用方法分别与文本文件存取方式"r+""w+"和"a+"相同。

另外需要说明的是，C 文件系统中还包含三个通常与终端相联系的标准文件，即标准输入、标准输出和标准出错输出。在程序开始运行时，系统自动打开这三个文件，并由系统自动定义三个文件指针 stdin、stdout 和 stderr，分别指向终端输入、终端输出和标准错误输出(一般也从终端 stdout 输出)。前面我们从键盘输入数据以及向显示器输出数据，实际上就是对标准输入输出文件进行操作。

8.2.2 文件的关闭

在缓冲文件系统中，向文件写数据时，首先将数据输出到缓冲区，待缓冲区满后才将数据一起输出给文件。如果使用文件后没有关闭文件，并且此时文件缓冲区未满，那么系统将不会把缓冲区中的数据输出到磁盘文件；如果恰好此时程序运行结束，那么缓冲区中的数据就会丢失。为了避免这个问题，同时也为了释放内存并且防止该文件再次被误用，使用完文件后一定要关闭文件。

在 C 语言中使用 fclose()函数来关闭文件。

(1) 函数调用的语法格式为：

int fclose(FILE *fp);

fp 为指向待关闭文件的指针。如果关闭操作成功，fclose()函数将返回 0，否则返回 EOF(stdio.h 中定义的符号常量，其值为-1)。

(2) 打开并关闭文件的程序框架,如下列程序所示:

```
if((f = fopen("a:\\abc.cpp", "a+")) == NULL) {   /*判断文件打开操作是否失败*/
    printf("不能打开此文件。\n");
    …
}
else{
    …
    fclose(f);
    …
}
```

fclose()函数在关闭文件时,首先将缓冲区中没有写入磁盘文件的数据写入磁盘文件,然后释放文件指针变量,即将文件所占据的内存区域释放并归还给操作系统。

8.3 文件的读写

打开文件后,就可以使用C语言提供的读写函数对文件进行读写,包括字符读写、数据读写、格式读写、字(整数)读写和字符串读写等操作。下面主要介绍字符读写、数据块读写和格式读写操作。

8.3.1 字符读写函数

fputc()函数的作用是把一个字符输出到指定文件中去,而fgetc()函数的作用是从指定的文件中读入一个字符。这两个函数一般用来读写文本文件。

【做中学8-1】 从键盘输入一些字符,把它们保存到文件中,直至输入"#"为止,然后向屏幕输出文件内容。

【程序代码】

```
#include <stdio.h>
void main(){
    FILE *fp;
    char ch,file[20];
    printf("请输入新建文件的文件名:");
    scanf("%s",file);
    if((fp = fopen(file,"w")) == NULL) {   /*判断文件打开操作是否失败*/
        printf("不能打开此文件。\n");
    }
    else {
```

```
        printf("请输入文件内容:\n");
        ch = getchar();             /* 用来接收输入文件名时输入的回车符 */
        ch = getchar();             /* 读取键盘输入的字符 */
        while (ch! ='#'){
            fputc(ch,fp);           /* 将字符输送到文件 fp */
            ch = getchar();         /* 继续读取键盘输入的字符 */
        }
        fclose(fp);
    }
    printf("你输入的文件内容为:\n");
    if((fp = fopen(file,"r")) == NULL) {
                                    /* 判断文件打开操作是否失败 */
        printf("不能打开此文件。\n");
    }
    else{
        char ch;
        ch = fgetc(fp);             /* 读取 fp 中的字符 */
        while (! feof(fp)){
            putchar(ch);            /* 将字符输送到终端 */
            ch = fgetc(fp);         /* 继续读取 fp 中的字符 */
        }
        fclose(fp);
    }
    printf("\n");
}
```

【程序运行】

请输入新建文件的文件名：**char.txt**↙
请输入文件内容：
How do you do? ↙
Fine,thank you.And you? ↙
I am fine,too.#↙
你输入的文件内容为：
How do you do?

```
Fine,thank you.And you?
I am fine,too.
```

〖知识点〗

(1) fputc()函数的语法格式为：

int fputc(char ch, FILE *fp);

ch是要输出的字符，它可以是一个字符常量，也可以是一个字符变量。fp代表文件指针变量。使用该函数时，fp指向的文件必须已经以只写或读写方式打开了。该函数的作用是将字符ch输出到fp所指向的文件中，如果输出成功，函数的返回值就是输出的字符；如果输出失败，则返回EOF。

(2) fgetc()函数的语法格式为：

int fgetc(FILE *fp);

fp为文件指针变量，它所指向的文件必须已经以只读或读写方式打开了。该函数的作用是从fp指向的文件读取一个字符，如果读取操作成功，函数的返回值就是读取的字符；如果读取失败，即在读字符时遇到文件结束标记，函数将返回文件结束标记EOF。

(3) 判断文件读结束函数。符号常量EOF只能用来判断一个文本文件的读结束，不能用来判断二进制文件的读结束。为此，ANSI C提供了一个用于判断文件是否结束的函数feof()，该函数的语法格式为：

int feof(FILE *fp);

fp为指向文件的指针变量。当文件指针fp所指向文件的当前位置为文件的结尾时，函数返回非零值(真)，否则函数返回0(假)，使用feof()，可以判断一个二进制文件或者一个文本文件是否结束读操作。

8.3.2 数据块读写函数

fread()和fwrite()函数用于一次输入和输出一组数据(例如，浮点型数组或一个结构体变量)。fread()函数用来从文件读取数据块，fwrite()函数则用来向文件输出数据块。这两个函数一般用来读写二进制文件。

〖做中学8-2〗 将已赋值的浮点型数组元素数据存到文件里，然后从该文件中读取数据输出到终端。

〖程序代码〗

```
#include <stdio.h>
void main(){
    FILE *fp;
    float a[3][10],b = 3.1286f;
    int i,j;
```

```
    char file[20];
    for (i = 0;i<3;i ++ )
        for (j = 0;j<10;j ++ )
            a[i][j] = (i + 1) * (j + 1) * b;
    printf("现在要存储数据！请输入文件名:");
    scanf(" %s",file);
    if((fp = fopen(file,"wb")) == NULL) {   /* 判断文件打开操作是否失败 */
        printf("不能打开此文件。\n");
    }
    else{
        for (i = 0;i<3;i ++ )
            fwrite(a + i,4,10,fp);
                                    /* 4 为每个数组元素的字节数,写入 10 个元素 */
        fclose(fp);
    }
    for (i = 0;i<3;i ++ )
        for (j = 0;j<10;j ++ )
            a[i][j] = 0;
    printf("现在准备读取数据！请输入文件名:");
    scanf(" %s",file);
    if((fp = fopen(file,"rb")) == NULL) {   /* 判断文件打开操作是否失败 */
        printf("不能打开此文件。\n");
    }
    else{
        for (i = 0;i<3;i ++ )
            fread(a + i,4,10,fp);
                                    /* 4 为每个数组元素的字节数,读取 10 个元素 */
        for (i = 0;i<3;i ++ ){
            for (j = 0;j<10;j ++ )
                printf(" %6.2f ",a[i][j]);
            printf("\n");
        }
    }
    printf("\n");
}
```

【程序运行】

```
现在要存储数据! 请输入文件名:block.bin↙
现在准备读取数据! 请输入文件名:block.bin↙
    3.13    6.26    9.39   12.51   15.64   18.77   21.90   25.03   28.16   31.29
    6.26   12.51   18.77   25.03   31.29   37.54   43.80   50.06   56.31   62.57
    9.39   18.77   28.16   37.54   46.93   56.31   65.70   75.09   84.47   93.86
```

【知识点】

(1) fread()函数的语法格式为:

int fread (char * buffer, unsigned size , unsigned count, FILE * fp);

buffer 可以是一个任意类型的指针,它指向一定的内存块,该内存块用来存放将要从文件读入的数据;size 是一个整型数据,它表示将要从文件读入的数据项的大小(字节数);count 也是整型数据,它表示将要从文件读入的数据项的个数;fp 为文件指针,它指向待读取数据的文件。该函数调用成功,将返回实际读取的字节数,文件的当前指针将自动后移 count×size 个字节或移至文件的末尾。

(2) fwrite()函数的语法格式为:

int fwrite (char * buffer, unsigned size , unsigned count, FILE * fp);

buffer 可以是一个任意类型的指针,它指向一定的内存块,该内存块用来存放将要输出到文件的数据;size 是一个整型数据,它表示将要输出到文件的数据项的大小;count 也是整型数据,它表示将要输出到文件的数据项的个数;fp 为文件指针,它指向将要写入数据的文件。该函数调用成功后将返回 count,文件的当前指针将自动后移动 count×size 个字节。

8.3.3 格式读写函数

fprintf()函数和 fscanf()函数用来进行格式化输入输出。这两个函数与标准格式化输入输出函数 printf()和 scanf()类似,只不过 printf()函数和 scanf()函数的读写对象不是磁盘文件而是终端设备。

【做中学 8-3】 有一个数据文件内容如下,编写程序统计并输出该文件中正数、负数和零的个数:

89,−21,0,7.8,8.9,0,571,−9.8,0,45.882,−8.912,243,0,−56.243

【程序代码】

```
#include <stdio.h>
void main(){
    FILE *fp;
```

```
    float b;
    int n1 = 0,n2 = 0,n3 = 0;
    char fname[20];
    printf("读取数据文件！请输入文件名：");
    scanf(" %s",fname);
    if((fp = fopen(fname,"r")) == NULL) {    /*判断文件打开操作是否失败*/
        printf("不能打开此文件。\n");
    }
    else{
        fscanf(fp," %f,",&b);
        while(! feof(fp)){
            if (b == 0) n2 ++ ;
            else if (b<0) n1 ++ ;
            else if (b>0) n3 ++ ;
            printf(" %6.3f\t",b);
            fscanf(fp," %f,",&b);
        }
        fclose(fp);
    }
    printf("\n负数：%d个。零：%d个。正数：%d个。\n",n1,n2,n3);
}
```

〖程序运行〗

```
要读取数据！请输入文件名：tc.txt↙
89.000  -21.000 0.000   7.800   8.900   0.000   571.000 -9.800  0.000
45.882  -8.912  243.000 0.000   -56.243
负数：4个。零：4个。正数：6个。
```

〖知识点〗

fprintf()函数的语法格式为：

int fprintf(FILE *fp,char *format,args,…);

fscanf()函数的语法格式为：

int fscanf(FILE *fp ,char format,args,…);

fp为指向待输入输出数据的文件的指针；格式控制字符串format与printf()函

数和 scanf()函数中的格式控制字符串相同；args 代表要输入输出文件的数据项表列。使用这两个函数向文件读写数据后，文件的当前位置指针将自动移到下一个数据项处。

边学边练

〖练中学 8-1〗 设计一个程序对学生的成绩进行输入、显示和修改，学生档案存入磁盘文件。

〖算法设计〗 设计三个函数分别完成输入、显示及修改三个功能，而主函数主要显示一个菜单，供程序操作者选择操作，并调用相应函数，完成相应操作。

〖程序代码〗

```
#include "stdio.h"
#include "string.h"
#define RS 5      /* 程序处理 RS 个人的信息，根据实际情况 RS 可以改变 */
#define KM 3      /* 程序处理 KM 科的成绩，根据实际情况 KM 可以改变 */
struct st{
    int num;
    char classname[10];
    char name[20];
    char sex[3];
    float score[KM];
}student[RS] = {{0}};                    /* 定义结构体数组 student */
void addst(struct st stu[]){
    int i;
    struct st *p;
    p = stu;
    while(p->num! = 0) p++;             /* 查找可存储数据的结构体数组元素 */
    printf("请输入班级、学号、姓名、性别、%d 门课成绩:\n",KM);
    do{
        scanf("%s",(*p).classname);
        if (strcmp((*p).classname,"end")! = 0){
                                         /* 班级名称为"end"时结束录入 */
            scanf("%d%s%s ",&(*p).num,(*p).name,(*p).sex);
            for (i = 0;i<KM;i++) scanf("%f",&(*p).score[i]);
```

```
        }
        while(p->num!=0) p++;     /*查找可存储数据的结构体数组元素*/
    }while(strcmp((*p).classname,"end"));
}
void displayst(struct st stu[]){
    int i,k;
    struct st *p;
    p=stu;
    printf("************成绩单************");
    printf("\n班级\t学号\t姓名\t性别\t各科成绩");
    for(k=0;k<RS;k++){
        if (p->num!=0){
            printf("\n%s\t",(*p).classname);
            printf("%d\t",(*p).num);
            printf("%s\t",(*p).name);
            printf("%s\t",(*p).sex);
            for (i=0;i<KM;i++) printf("%5.1f",(*p).score[i]);
        }
        p++;
    }
}
void putfile(struct st stu[]){
    int i,k;
    FILE *fp;
    struct st *p;
    char file[50];
    p=stu;
    printf("若要在磁盘文件中存储成绩,请输入文件名:");
    scanf("%s",file);
    if((fp=fopen(file,"w"))==NULL){   /*判断文件打开操作是否失败*/
        printf("不能打开此文件。\n");
            return;
    }
    for(k=0;k<RS;k++){
        if (p->num!=0){
```

```
                fprintf(fp,"\n%s ",(*p).classname);
                fprintf(fp," %d ",(*p).num);
                fprintf(fp," %s ",(*p).name);
                fprintf(fp," %s ",(*p).sex);
                for (i=0;i<KM;i++) fprintf(fp," %5.1f ",(*p).score[i]);
            }
            p++;
        }
        fclose(fp);
        printf("成绩已存入文件%s中。\n",file);
    }
    void getfile(struct st stu[]){
        int i;
        FILE *fp;
        struct st *p;
        char file[50];
        p=stu;
        printf("若要读取磁盘文件中的成绩,请输入文件名:");
        scanf("%s",file);
        if((fp=fopen(file,"r"))==NULL){    /*判断文件打开操作是否失败*/
            printf("不能打开此文件。\n");
                return ;
        }
        while(! feof(fp)){
            fscanf(fp,"\n%s ",(*p).classname);
            fscanf(fp," %d ",&(*p).num);
            fscanf(fp," %s ",(*p).name);
            fscanf(fp," %s ",(*p).sex);
            for (i=0;i<KM;i++) fscanf(fp," %f ",&(*p).score[i]);
            p++;
        }
        fclose(fp);
        printf("成绩已从文件%s中读出。\n",file);
        displayst(stu);
    }
    void changest(struct st stu[],int n){
```

```
        int i;
        struct st *p;
        p=stu;
        while(p->num!=n) p++;
    printf("请输入班级、学号、姓名、性别、%d门课成绩:\n",KM);
    scanf("%s%d %s%s",(*p).classname,&(*p).num,(*p).name,(*p).sex);
    for (i=0;i<KM;i++) scanf("%f",&(*p).score[i]);
}
void main(){
    char ch;
    int n;
    do{
        printf("\n请选择你想要进行的操作:\n");
        printf("1. 输入成绩 2. 显示成绩 3. 修改成绩 4. 成绩存盘 5. 读取成绩 6. 退出\n");
        scanf("%c",&ch);
        if (ch=='1') {addst(student);scanf("%c",&ch);}
        if (ch=='2') {displayst(student);scanf("%c",&ch);}
        if (ch=='3') {
            printf("请输入要修改的学生学号:");
            scanf("%d",&n);
            changest(student,n);
            scanf("%c",&ch);
        }
        if (ch=='4') {putfile(student);scanf("%c",&ch);}
        if (ch=='5') {getfile(student);scanf("%c",&ch);}
    }while(ch!='6');
}
```

【程序运行】

请选择你想要进行的操作:

1. 输入成绩 2. 显示成绩 3. 修改成绩 4. 成绩存盘 5. 读取成绩 6. 退出

1↙

请输入班级、学号、姓名、性别、3门课成绩:

```
gk121 2 mali nv 78 89 90↙
gk112 6 lanhuhu nan 90 89 78↙
end↙
请选择你想要进行的操作：
1. 输入成绩 2. 显示成绩 3. 修改成绩 4. 成绩存盘 5. 读取成绩 6. 退出
2↙
************成绩单************
班级    学号    姓名    性别    各科成绩
gk121   2       mali    nv      78.0 89.0 90.0
gk112   6       lanhuhu nan     90.0 89.0 78.0
请选择你想要进行的操作：
1. 输入成绩 2. 显示成绩 3. 修改成绩 4. 成绩存盘 5. 读取成绩 6. 退出
3↙
请输入要修改的学生学号:6↙
请输入班级、学号、姓名、性别、3门课成绩：
gk122 7 mahuhu nan 90 79 68↙
请选择你想要进行的操作：
1. 输入成绩 2. 显示成绩 3. 修改成绩 4. 成绩存盘 5. 读取成绩 6. 退出
2↙
************成绩单************
班级    学号    姓名    性别    各科成绩
gk121   2       mali    nv      78.0 89.0 90.0
gk122   7       mahuhu  nan     90.0 79.0 68.0
请选择你想要进行的操作：
1. 输入成绩 2. 显示成绩 3. 修改成绩 4. 成绩存盘 5. 读取成绩 6. 退出
4↙
若要在磁盘文件中存储成绩,请输入文件名:cj.txt↙
成绩已存入文件cj.txt中。
请选择你想要进行的操作：
1. 输入成绩 2. 显示成绩 3. 修改成绩 4. 成绩存盘 5. 读取成绩 6. 退出
5↙
若要读取磁盘文件中的成绩,请输入文件名:cj.txt↙
成绩已从文件cj.txt中读出。
************成绩单************
班级    学号    姓名    性别    各科成绩
gk121   2       mali    nv      78.0 89.0 90.0
gk122   7       mahuhu  nan     90.0 79.0 68.0
```

```
请选择你想要进行的操作:
1.输入成绩 2.显示成绩 3.修改成绩 4.成绩存盘 5.读取成绩 6.退出
```

【练中学8-2】 编写一个程序,实现文件复制。

【算法设计】

方法一:按二进制文件实现文件复制。

方法二:按文本文件实现文件复制。

方法三:可逐个从数据文件中读取数据,并送到另一文件中去。

现在仅按照方法一进行编程,其余两种希望读者自己完成。

【程序代码】

```
#include <stdio.h>
void main(){
    long k;
    FILE *fp1, *fp2;
    char file[100];
    printf("要读取数据,请输入文件名:");
    scanf("%s",file);
    if((fp1=fopen(file,"rb"))==NULL) {    /*判断文件打开操作是否失败*/
        printf("不能打开此文件。\n");
        return;
    }
    printf("要存储数据,请输入文件名:");
    scanf("%s",&file);
    if((fp2=fopen(file,"wb"))==NULL) { /*判断文件打开操作是否失败*/
        printf("不能打开此文件。\n");
        return;
    }
    do{
        k=fread(file,1,100,fp1);
        fwrite(file,1,k,fp2);
    }while(! feof(fp1));
    printf("拷贝完毕。\n");
    fclose(fp1);
    fclose(fp2);
}
```

〖程序运行〗

要读取数据,请输入文件名:cj.txt↙
要存储数据,请输入文件名:cj2.txt↙
拷贝完毕。

拓展提升

文件定位操作

总结归纳

模块八的内容结构如图 8-3 所示。

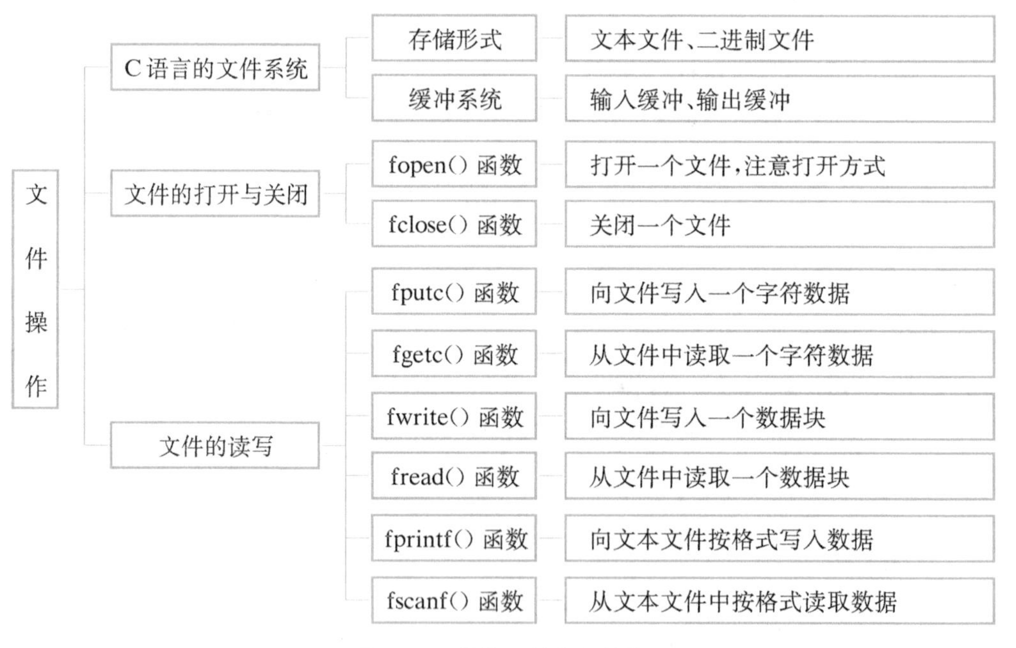

图 8-3　模块八的内容结构

强化练习

8-1　选择题

1. C语言程序中,可把整型数以二进制形式存放到文件中的函数是(　　)。

A) fprintf()函数　　B) fread()函数　　C) fwrite()函数　　D) fputc()函数

2. fp 是指向某文件的指针,且已读到此文件末尾,则库函数 feof(fp)的返回值是(　　)。

A) EOF　　B) 0　　C) 非零值　　D) NULL

3. 若执行 fopen()函数时不能打开文件,则函数的返回值是(　　)。

A) 内存地址　　B) 0　　C) 1　　D) EOF

4. 若要用 fopen()函数新建一个二进制文件,该文件要既能读也能写,则文件读写方式字符串应是(　　)。

A) "ab"　　B) "wb+"　　C) "rb"　　D) "a"

5. 当成功执行了文件关闭操作时,fclose()函数的返回值是(　　)。

A) −1　　B) TRUE　　C) 0　　D) 1

6. 已知函数的调用格式"fread(buffer,size,count,fp);",其中 buffer 代表的是(　　)。

A) 一个整型变量,代表要读入的数据项总数

B) 一个文件指针,指向要读的文件

C) 一个指针,指向读入数据的存放地址

D) 一个存储区,存放要读的数据项

7. fscanf()函数的正确调用格式是(　　)。

A) fscanf (fp,格式字符串,输出列表)

B) fscanf (格式字符串, 输入列表,fp)

C) fscanf (格式字符串,fp,输入列表)

D) fscanf (fp,格式字符串,输入列表)

8. fgetc()函数的作用是从指定文件读入一个字符,该文件的打开方式必须是(　　)。

A) 只写　　B) 追加　　C) 读或读写　　D) r 和 a

8-2 填空题

1. 下列程序的功能是:用户通过键盘输入一个文件名,然后输入一串字符(用#结束输入),存放到此文件中形成文本文件,并将字符的个数写到文件尾部。请填空完成该程序。

```
#include <stdio.h>
void main(){
    FILE *fp;
    char ch,fname[32];
    int count = 0;
    printf("输入文件名:");
    scanf("%s",fname);
    if((fp = fopen(________,"w+")) == NULL) {
        printf("不能打开%s文件。\n",fname);
```

```
    }
    printf ("请输入一些字符:\n");
    while((ch = getchar())! ='#'){fputc(ch,fp);count ++ ;}
    fprintf(________,"\n%d\n",count);
    fclose(fp);
}
```

2. 下列程序的功能是：把从键盘读入的10个整数以二进制方式写到一个名为bin.dat的新文件中。请填空完成该程序。

```
#include <stdio.h>
#include <string.h>
FILE *fp;
void main(){
    int i,k;
    char fname[20];
    strcpy(________,________);
    if((fp = fopen(fname,"wb + ")) == NULL) {
        printf("不能打开%s文件。\n",fname);
    }
    for(i = 0;i<10;i ++ ) {
        scanf(" %d",&k);
        fwrite(&k,sizeof(int),1,________);
    }
    fclose(fp);
}
```

8-3　实训题

1. 找出〖练中学8-1〗的不足之处，改进程序，增加功能：按班级名称、学号排序，按班级计算平均分并输出班级排名表，将计算结果显示在屏幕上并保存到磁盘文件。
2. 对〖练中学8-2〗，改进程序按文本文件实现文件复制。

文本

参考答案
（模块八）

模块九　位操作训练

能力目标

(1) 理解位运算的含义及使用方法；
(2) 了解位段的定义、存储及使用方法。

知识准备

【引例任务】 不用第三个变量，完成两个变量值的交换。
【算法设计一】 传统算法是通过第三个变量完成交换。
【程序代码一】

```
void swap1(int *a,int *b){
    int temp;
    temp = *a;
    *a = *b;
    *b = temp;
}
```

【算法设计二】 加减运算，把第一个变量当作缓冲变量。
【程序代码二】

```
void swap2(int *a,int *b){
    *a = *a + *b;
    *b = *a - *b;   /*b中放原来a中的值*/
    *a = *a - *b;   /*可用一条语句"a = a + b - (b = a);"代替这三条语句*/
}
```

〖算法设计三〗 乘除运算，把第一个变量当作缓冲变量。

〖程序代码三〗

```
void swap3(int *a,int *b){
    *a=(*a)*(*b);
    *b=(*a)/(*b);     /*b中放原来a中的值*/
    *a=(*a)/(*b);
}
```

〖算法设计四〗 采用异或运算。

〖程序代码四〗

```
void swap4(int *a,int *b){
    *a= *a^*b;
    *b= *a^*b;
    *a= *a^*b;
}
int main(){
    int a=123,b=321;
    swap1(&a,&b);
    printf("a=%d,b=%d\n",a,b);
    swap2(&a,&b);
    printf("a=%d,b=%d\n",a,b);
    swap3(&a,&b);
    printf("a=%d,b=%d\n",a,b);
    swap4(&a,&b);
    printf("a=%d,b=%d\n",a,b);
    return 0;
}
```

〖程序运行〗

```
a=321,b=123
a=123,b=321
a=321,b=123
a=123,b=321
```

〖程序解析〗 这四种算法都能完成两个变量值的交换，算法四是采用异或运算的方式实现的。异或运算是位运算的一种，C 语言中共有 6 种位运算符，见表 9－1。位运算就是二进制位的运算，主要用在检测和控制领域的程序设计中。

表 9－1 位运算符

位运算符	&	|	^	～	<<	>>
含　义	按位与	按位或	按位异或	按位取反	左移	右移

（1）位运算符中除了“～”以外，均为二元运算符。

（2）运算对象应为整型或字符型的数据。

为便于学习位运算，先简单地介绍一下与位运算有关的知识。

位(Bit)：二进制位是计算机中最小的信息单位：n 位二进制能表达 2^n 个信息。例如：

1 位二进制数据能表达两个信息：0、1。

2 位二进制数据能表达四个信息：00、01、10、11。

3 位二进制数据能表达八个信息：000、001、010、011、100、101、110、111。

一般用字节(Byte)作为计算机信息的基本单位，一个字节由 8 个二进制位组成，其中最右边的一位称为最低有效位(LSB，Least Significant Bit)，最左边的一位称为最高有效位(MSB，Most Significant Bit)，如图 9－1 所示。最低有效位也称第 0 位，最高有效位也称第 7 位。通常用 1 字节、2 字节、4 字节、8 字节表示一个信息，例如，用 1 字节表示一个英文字符，2 字节表示一个汉字字符，4 字节表示一个实数等。

第7位 第6位 第5位 第4位 第3位 第2位 第1位 第0位

图 9－1 位定义

本模块的主要内容是学习按位与(&)、按位或(|)、按位异或(^)、按位取反(～)及移位(>>、<<)运算的定义、规则及用途。

9.1 按位与运算(&)

〖做中学 9－1〗 设有“X＝10，Y＝8，Z＝X&Y”(按位与)，求 Z 的值。

〖程序代码〗

```
#include <stdio.h>
void main(){
    int X = 10,Y = 8;
    int Z;
    Z = X&Y;
    printf("Z = %d\n",Z);
}
```

〖程序运行〗

```
Z = 8
```

〖知识点〗

(1) 运算规则。只有对应的位都为1时,按位与运算的结果才为1,其他的情况均为0,即:

$$0\&0=0 \quad 0\&1=0 \quad 1\&0=0 \quad 1\&1=1$$

分析: $X=(10)_{10}=(00001010)_2$, $Y=(8)_{10}=(00001000)_2$

	X	0	0	0	0	1	0	1	0
&	Y	0	0	0	0	1	0	0	0
	Z	0	0	0	0	1	0	0	0

即 $Z=X\&Y=(00001000)_2=(8)_{10}$。

(2) 按位与运算的用途。

① 可以对某位进行清零操作。方法:将需要清零的对应位与0进行按位与操作即可。

例如:假设有 $X=(00010011)_2$,想将X的低4位清零。将X与 $Y=(11110000)_2$ 相与,则有:

	0	0	0	1	0	0	1	1
&	1	1	1	1	0	0	0	0
	0	0	0	1	0	0	0	0

即 X&Y 的结果为 $(00010000)_2$,满足将X的低4位清零的要求。

② 可以提取指定位。方法:将需要提取的位与1进行按位与操作即可。

例如:假设有 $X=(10101110)_2$,想取X的低4位。将X与 $Y=(00001111)_2$ 相与,则有:

	1	0	1	0	1	1	1	0
&	0	0	0	0	1	1	1	1
	0	0	0	0	1	1	1	0

即 X&Y 的结果为$(00001110)_2$,得到了 X 的低 4 位。

9.2 按位或运算(|)

〖做中学 9-2〗 假设有“X=12,Y=9,Z= X|Y”(按位或),则求 Z 的值。

〖程序代码〗

```
#include <stdio.h>
void main(){
    int X = 12,Y = 9;
    int Z;
    Z = X|Y;
    printf("Z = %d\n",Z);
}
```

〖程序运行〗

```
Z = 13
```

〖知识点〗

(1) 运算规则。只有对应的位都为 0 时,按位或运算的结果才为 0,其他的情况均为 1,即:

$$0|0=0 \quad 0|1=1 \quad 1|0=1 \quad 1|1=1$$

分析:$X=(12)_{10}=(00001100)_2$,$Y=(9)_{10}=(00001001)_2$

	X	0	0	0	0	1	1	0	0
|	Y	0	0	0	0	1	0	0	1
	Z	0	0	0	0	1	1	0	1

即 $Z=X|Y=(00001101)_2=(13)_{10}$。

(2) 按位或运算的用途。主要是可以将数据的某些位置 1。方法:将需要置 1 的位与 1 进行按位或操作即可。

例如:假设有 $X=(11010010)_2$,想使 X 的低 4 位为 1。可将 X 与 $Y=(00001111)_2$ 按位或,则有:

	1	1	0	1	0	0	1	0
|	0	0	0	0	1	1	1	1
	1	1	0	1	1	1	1	1

即 X|Y 的结果为$(11011111)_2$，将 X 的低 4 位置 1。

9.3 按位异或运算(^)

〖做中学 9-3〗 设有“X=10，Y=8，Z=X^Y”(按位异或)，求 Z 的值。

〖程序代码〗

```
#include <stdio.h>
void main(){
    int X = 10,Y = 8;
    int Z;
    Z = X^Y;
    printf("Z = %d\n",Z);
}
```

〖程序运行〗

```
Z = 2
```

〖知识点〗

(1) 运算规则。参与按位异或运算的两个二进制位如果值相同，则结果为 0；如果不同，则结果为 1。即：

0^0=0　0^1=1　1^0=1　1^1=0

分析：$X=(10)_{10}=(00001010)_2$，$Y=(8)_{10}=(00001000)_2$

	X	0	0	0	0	1	0	1	0
^	Y	0	0	0	0	1	0	0	0
	Z	0	0	0	0	0	0	1	0

即 $Z=X\hat{}Y=(00000010)_2=(2)_{10}$。

(2) 按位异或运算的用途。

① 与 0 异或，可以保留原值。方法：原数中的 1 与 0 进行异或运算得 1，0 与 0 异或得 0。

例如：将 29 与 0 按位异或可以保留 29。具体计算如下：

	0	0	0	1	1	1	0	1
^	0	0	0	0	0	0	0	0
	0	0	0	1	1	1	0	1

② 将特定位翻转。方法：要翻转的位与1异或运算，其余位与0异或运算。

例如：假设有 X=$(10101110)_2$，则想使X的低4位翻转。

根据“按位异或”的运算规则，可将X与Y=$(00001111)_2$按位异或，则有：

	1	0	1	0	1	1	1	0
^	0	0	0	0	1	1	1	1
	1	0	1	0	0	0	0	1

即 X^Y=$(10100001)_2$。可以看出，与0异或可以保留原值，与1异或可以翻转。

③ 实现两个变量值的交换。引例的〖算法设计四〗就是利用异或运算完成了两个变量值的交换。

例如：有“a=5，b=4”，可利用异或运算实现“a=4，b=5”。具体如下：

a=a^b=101^100=001

b=a^b=001^100=101

a=a^b=101^001=100

完成了a与b的交换。

9.4 按位取反运算(～)

〖做中学 9-4〗 设有“X=10，Z=～X”(按位取反)，求Z的值。

〖程序代码〗

```
#include <stdio.h>
void main(){
    int X = 10;
    int Z;
    Z = ~X;
    printf("Z = %d\n",Z);
}
```

〖程序运行〗

```
Z = -11
```

〖知识点〗

(1) 运算规则。对一个二进制数按位取反，即将0变为1，1变为0。

分析：$X=(10)_{10}=(00001010)_2$，根据“取反”的运算规则，有：

~	X	0	0	0	0	1	0	1	0
	Z	1	1	1	1	0	1	0	1

即 $Z=\sim X=(11110101)_2=(-11)_{10}$。

(2) 取反运算的特点。

① 单目运算符，具有右结合性；② ~运算符的优先级别最高。

9.5 左移运算(<<)

左移运算的语法格式为：

a<<n

其中，a 是操作数，可以是一个字符变量、整型变量或表达式；n 是移位次数，必须是正整数。功能是将 a 中所有的二进制位数向左移动 n 位。

运算规则：在移位过程中，各个二进制位顺序向左移动，右端空出的位补 0，移出左端之外的位则被舍弃。

例如：假设有 X=10，其存储形式为二进制的 00001010，将 X 左移 2 位，即“X=X<<2”，求 X 的值。左移运算如图 9-2 所示，X<<2 的结果为$(00101000)_2$，即十进制的 40。

X	0	0	0	0	1	0	1	0	
X<<1	0	0	0	1	0	1	0	0	←0
X<<2	0	0	1	0	1	0	0	0	←0

图 9-2 左移运算

提示

若左移时被丢弃最高位不包含 1，左移位相当于乘 2 运算。左移 n 位相当于乘 2 的 n 次方，有溢出可能。

9.6 右移运算(>>)

右移运算的语法格式为：

a>>n

其中，a 是操作数，可以是一个字符变量、整型变量或表达式；n 是移位次数，必须是正整数。功能是将 a 中所有的二进制位数向右移动 n 位。

运算规则：在移位过程中，各个二进制位顺序向右移动，移出右端之外的位则被舍弃。左端空出的位补 0 还是 1 取决于被移位的数是有符号数还是无符号数，具体区别如下：

(1) 对于无符号数最高位，左端空出的位一律补 0。

(2) 对于有符号数：正数则最高位补 0，如果为负数，左端最高位补 0 还是补 1 则取决于所用的C编译系统。如果补0则称为“逻辑右移”，补1则称为“算术右移”。Turbo C、Visual C和其他一些C编译系统采用的为算术右移。

例如：设有二进制数 $X=(10010001)_2$，那么：

逻辑右移时，X>>1的结果为 $(01001000)_2$

算术右移时，X>>1的结果为 $(11001000)_2$

算术右移，相当于除2运算。右移1位，相当于该数除以2，右移 n 位相当于该数除以2的 n 次方。

9.7 复合赋值位运算

位运算符与赋值运算符相结合，就组成复合赋值运算符，复合赋值运算符见表9-2。

表9-2 复合赋值运算符

复合赋值运算符	实　例	等价实例
&=	a&=b	a=a&b
|=	a|=b	a=a | b
^=	a^=b	a=a^b
<<=	a<<=b	a=a<<b
>>=	a>>=b	a=a>>b

〖做中学9-5〗 将变量X的4—7位看成一个整数值，求这个值的大小。

〖算法设计〗

(1) 先使X右移4位，使要取出的4位移到最右端。

(2) 设置一个低4位全为1，其余位为0的二进制数Y。

(3) 将X和Y进行按位与运算。

〖程序代码〗

```
#include <stdio.h>
void main(){
    int x,y;
    printf("请输入一个十六进制表示的正整数:");
    scanf("%x",&x);
    y = 0;
    y = ~y;
    y<< = 4;
```

```
    y = ~y;/ * 低 4 位全为 1,其余位为 0 * /
    x = x>>4;
    x& = y;
    printf("该数的 4 - 7 位用十六进制表示是: %x\n",x);
}
```

〖程序运行〗

请输入一个十六进制表示的正整数: **acde**↙
该数的 4—7 位用十六进制表示是: d

边学边练

〖练中学 9-1〗 将十进制数转换为二进制形式。

〖算法设计〗 一个整数在计算机内部就是以二进制形式存储的,所以没有必要再将一个整数经过一系列的运算转化为二进制形式,只要将整数在内存中的二进制表示输出即可。

〖程序代码〗

```
#include <stdio.h>
void putbit(int z,int n) {
    int i;
    /* 从高位到低位逐位转换成字符 0 和 1 并输出到屏幕 */
    for (i = n - 1;i> = 0;i -- )
        putchar('0' + (1&z>>i));
}
void main(){
    int x;
    printf("请输入一个十进制整数:");
    scanf("%d",&x);
    printf("对应的二进制数是:");
    putbit(x,sizeof(int) * 8);
    printf("\n");
}
```

〖程序运行〗

```
请输入一个十进制整数:56↙
对应的二进制数是: 00000000000000000000000000111000
```

思考

1. 能用递归方式优化程序吗?
2. 能把十进制数转换为四进制吗?

〖练中学 9-2〗 编写一个位运算演示器,该程序能演示计算机中每个二进制数位运算的运算过程。

〖算法设计〗 设计一个主函数,两个位运算演示函数 ys()、fys(),位运算演示函数调用位显示函数 putbit()显示运算前后参加运算的整型量的各个位。运算过程中输入命令"e"可退出程序。

〖程序代码〗

```
#include <stdio.h>
void putbit(int z,int n){
    int i;
    /* 从高位到低位逐位转换成字符 0 和 1 并输出到屏幕 */
    for (i=n-1;i>=0;i--)
        putchar('0'+(1&z>>i));
}
void main(){
    char f;
    int a,b;
    void ys(char,int,int);
    void fys(int);
    f='|';
    printf("\n 用户输入位运算表达式格式如下:");
    printf("\n 格式 1: 双目运算符(&,|,^) 整型常量 1  整型常量 2 ");
    printf("\n 格式 2: 单目运算符(~)  整型常量");
    while(f!='e'){
        printf("\n 请输入:");
        scanf(" %c",&f);
        if (f=='e') break;
```

```
        scanf("%d",&a);
        if (f!='~') scanf("%d",&b);
        if (f=='~') fys(a);
        if (f=='&'||f=='|'||f=='^')  ys(f,a,b);
    }
}
void ys(char fh,int x,int y){
    int z;
    printf("\n运算前%d:\t",x);
    putbit(x,sizeof(int)*8);
    printf("    对应十六进制数%X",x);
    printf("\n运算前%d:\t",y);
    putbit(y,sizeof(int)*8);
    printf("    对应十六进制数%X",y);
    if (fh=='&') z=x&y;
    if (fh=='|') z=x|y;
    if (fh=='^') z=x^y;
    printf("\n运算后%d%c%d:\t",x,fh,y);
    putbit(z,sizeof(int)*8);
    printf("    对应十六进制数%X",z);
}
void fys(int x){
    printf("运算前%d:\t",x);
    putbit(x,sizeof(int)*8);
    printf("    对应十六进制数%X",x);
    printf("\n运算后~%d:\t",x);
    x=~x;
    putbit(x,sizeof(int)*8);
    printf("    对应十六进制数%X",x);
}
```

〖程序运行〗

```
用户输入位运算表达式格式如下:
格式1:双目运算符(&,|,^) 整型常量1 整型常量2
格式2:单目运算符(~) 整型常量
请输入: & 23 45↙
```

```
运算前 23:        00000000000000000000000000010111   对应十六进制数 17
运算前 45:        00000000000000000000000000101101   对应十六进制数 2D
运算后 23&45:     00000000000000000000000000000101   对应十六进制数 5
请输入：～ 34↙
运算前 34:        00000000000000000000000000100010   对应十六进制数 22
运算后～34:       11111111111111111111111111011101   对应十六进制数 FFFFFFDD
请输入：^ 12 45↙
运算前 12:        00000000000000000000000000001100   对应十六进制数 C
运算前 45:        00000000000000000000000000101101   对应十六进制数 2D
运算后 12^45:     00000000000000000000000000100001   对应十六进制数 21
请输入：
```

拓展提升

位 段

总结归纳

模块九的内容结构如图 9－3 所示。

位操作		
	定义功能	位运算就是进行二进制位的运算，主要用在检测和控制领域的程序设计中
	按位与 &	规则：见 0 则 0； 用途：清零、取指定位
	按位或 |	规则：见 1 则 1； 用途：置 1 操作
	按位异或 ^	规则：位同则 0； 用途：0 保持，1 翻转
	按位取反 ～	规则：按位取反； 说明：优先级最高
	左移运算 <<	规则：高位移出，低位补 0 说明：乘 2 操作，有溢出问题
	右移运算 >>	规则：低位移出，无符号数或逻辑右移高位补 0，有符号数高位补符号位 1

图 9－3 模块九的内容结构

强化练习

9-1 选择题

1. 下列程序执行后的输出结果是(　　)。

```
#include <stdio.h>
void main() {
    int x = 0.5;
    char z = 'a';
    printf(" %d\n",(x&1)&&(z<'z'));
}
```

A) 0　　B) 1　　C) 2　　D) 3

2. 设有“int b=13;”,表达式“(b<<2)/(b>>3)”的值是(　　)。

A) 0　　B) 52　　C) 1　　D) 8

3. 以下运算符中,优先级最高的为(　　)。

A) &&　　B) &　　C) |　　D) ||

4. 表达式“0x13 & 0x17”的值为(　　)。

A) 0x13　　B) 0x17　　C) 0xf8　　D) 0xec

5. 下列程序段的输出结果是(　　)。

```
int b = 20;
printf(" %d\n ",~b);
```

A) 20　　B) −20　　C) −21　　D) −11

6. 下列程序段的输出结果是(　　)。

```
char x = 0x40;
printf(" %d\n",x = x<<1);
```

A) 160　　B) 120　　C) 1000　　D) −128

7. 设二进制数 x 为 10011101,如果通过异或运算“x^y”使数 x 的高 4 位取反,低 4 位不变。则二进制数 y 为(　　)。

A) 10101010　　B) 00001111　　C) 11110000　　D) 01010101

9-2 实训题

1. 将任意正整数转换为四进制或八进制数。
2. 编写一个位移运算演示器,该程序能演示计算机中每个二进制数位移运算的运算过程。

3. 编写一个函数，实现将一个 8 位的二进制数的奇数位取出（即第 1 位、第 3 位、第 5 位和第 7 位）。
4. 编写函数 getbits()，从一个 16 位的二进制数中取出以第 n1 位开始至第 n2 位结束的位段。同时编写主函数调用 getbits()进行验证。

文本

参考答案
（模块九）

综合实训

实训目标

（1）掌握面向过程的编程思想和程序设计过程；

（2）掌握实训报告的编写方法。

实训准备

10.1 程序设计步骤

程序设计就是针对给定问题进行设计，编写和调试计算机程序的过程。要想设计好一个程序，除了要掌握程序设计语言本身的语法规则之外，还要学习程序设计的方法和技巧，并通过不断的实践来提高自己的程序设计能力。

进行程序设计时一般需要遵循以下步骤：

1. 需求分析

在这个环节，根据用户的具体要求进行以下工作：

（1）用户需求分析。务必详细、具体地理解用户要解决的问题，明确为了达到用户要求和系统的需求，系统必须具备哪些功能。

（2）数据及处理分析。通过分析实际问题，了解已知信息或需要的输入数据、输出数据，以及需要进行哪些处理。

（3）可行性分析。用户提出的问题是否能够解决，是否有可行的具体解决办法。

（4）运行环境分析。即硬件环境和软件环境分析。

对初学者而言，关键是处理好需求分析和数据处理及分析这两个方面的工作。

2. 系统设计

系统设计可分为总体设计和详细设计。

总体设计通常用结构图描绘程序的结构，以确定程序由哪些模块组成，以及模块间的关系。

详细设计就是给出问题求解的具体步骤，给出实现各功能模块的具体描述。

3. 系统实现

选择适当的程序设计语言，把详细设计的结果描述出来，形成源程序，并上机运行调试源程序，修改错误，直到得出正确的结果。在调试过程中应该精心选择典型数据进行测试，避免因测试数据不妥而引起的计算偏差和运行错误。

4. 建立文档资料

整理分析程序结果，建立相应的文档资料，以便日后对程序进行维护或修改。

10.2 程序设计应用实例

1. 系统分析

通过用户需求分析，需要开发一个学生成绩管理系统，实现对学生成绩的自动化管理，以提高对学生成绩进行登记、删除、查询、修改和排序等操作的效率。该班级有 N 个学生，每个学生的信息包括学号、姓名、性别和三门课程的成绩。系统功能要求为：

(1) 输入学生数据；

(2) 查询学生数据；

(3) 更新学生数据；

(4) 统计学生数据；

(5) 保存学生数据。

2. 系统设计

(1) 总体设计

根据需求分析，系统由五大功能模块组成，学生成绩管理系统功能模块如图 10-1 所示。

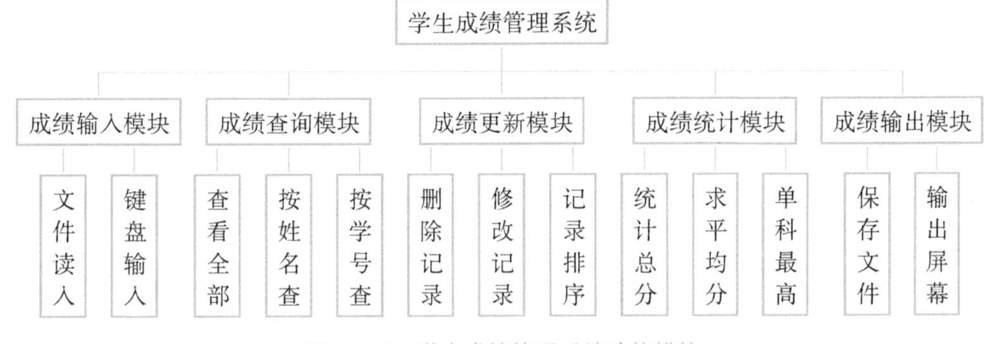

图 10-1 学生成绩管理系统功能模块

(2) 详细设计

① 主函数的流程图

学生成绩管理系统执行流程如图 10-2 所示。它先以读方式打开数据文件，若文件不存在，则新建文件。当打开文件之后，从文件中一次读出一条记录，添加到新建的单链表中，然后显示主菜单和进入操作选择的循环。

在选择操作时，有效输入为 0～9 之间的任意数值，其他输入都被视为错误按键。若输

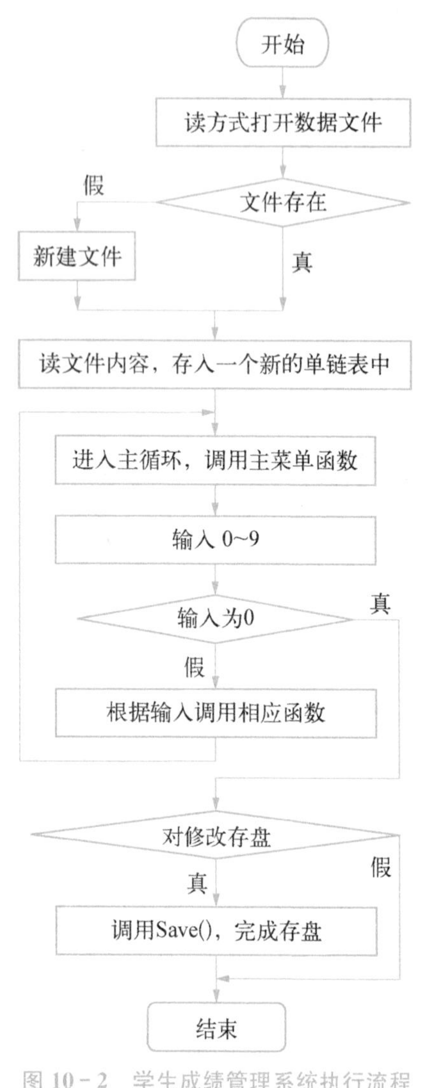

图 10-2　学生成绩管理系统执行流程

入为“0”(即变量 sel 为 0)，它会判断在对记录进行了更新操作后是否进行了存盘操作，若未存盘，则全局变量 shouldsave 置为 1，系统将询问用户是否需要进行数据存盘操作，用户输入“y”或者“Y”，系统就会进行存盘操作，最后系统退出成绩管理系统。若选择“1”，则调用Add()函数，执行增加学生记录的操作；若选择“2”，则调用Del()函数，执行删除学生记录的操作；若选择“3”，则调用 Qur()函数，执行查询学生记录操作；若选择“4”，则调用 Modify()函数，执行修改学生记录操作；若选择“5”，则调用 Save()函数，执行将学生记录存入磁盘的操作；若选择“6”，则调用 Sort()函数，执行排序；若选择“7”，则调用 Count()函数，执行统计学生记录操作；若选择“8”，则调用 Disp()函数，执行显示所有学生信息的操作；若选择“9”，则调用 printf()函数；若输入为 0～9 之外的值，则调用 Wrong()函数，给出按键错误提示。

② 成绩输入模块

输入模块主要完成将数据输入单链表的工作。在成绩管理系统中，可以从键盘逐个输入学生记录，也可以从二进制文件中读入。学生记录由学生的基本信息和成绩信息构成。

③ 成绩查询模块

查询模块按学号或者姓名查找相应的学生记录，或者查询所有学生信息。用户可以按照学生的学号或者姓名进行查找，若找到相应记录则返回指向该学生记录的指针；否则，返回一个空指针 NULL，并输出“没找到该学生”的提示信息。

④ 成绩更新模块

更新模块完成对学生记录的管理维护，主要是对学生记录的修改、删除、排序操作。因为学生记录是以单链表结构形式存储的，所以这些操作都在单链表中完成。系统进行了这些操作后，需要将修改后的数据存入源数据文件。

下面介绍三个子功能模块。

修改记录模块。实现记录修改操作，需要对单链表中目标节点的数据域中的值进行修改，分两步完成。第一步，输入要修改的学号，输入后调用定位函数 Locate()对单链表中节点数据域中学号字段的值逐个进行比较，直到找到该学号的学生记录；第二步，若找到该学生记录，修改除了学号之外的各个字段的值，并将存盘标记变量 shouldsave 置 1，表示已经对记录进行了修改，但还未执行存盘操作。

删除记录模块。实现记录删除操作，根据指定学号或者姓名删除相应的学生记录，也分两步完成。第一步，输入要删除的学生学号或者学生姓名，输入后调用定位函数Locate()对单链表中节点数据域中学号或姓名字段的值逐个进行比较，直到找到学生记录，返回指向该学生记录的节点指针；第二步，若找到该学生记录，将该学生记录所在节点的前驱节点指针指向目标节点的后续节点。

排序模块。实现记录排序操作，在单链表中实现插入排序的基本步骤如下：

第一步，新建一个单链表1，用来保存排序结果，其初始值为待排序单链表中的头节点。第二步，从待排序链表中取出下一个节点，将其“总分”与单链表1中的各个节点的“总分”进行比较，直到在链表1中找到总分小于它的节点。若找到，系统将待排序链表中取出的节点插入此节点前，作为其前驱。否则，将取出的节点放在单链表1的尾部。第三步，重复第二步，直到从待排序链表取出节点的指针域为NULL，即此节点为链表的尾部节点，排序完成。

⑤ 成绩统计模块

统计模块，循环读取指针变量所指节点的数据域中各个字段的值，并对各个成绩逐个进行比较判断，查找单科最高分的学生和总分及平均分最高的学生。

⑥ 数据结构设计

a. 学生成绩信息结构

```
struct student{
    char num[10];              /*学号*/
    char name[20];             /*姓名*/
    char sex[4];               /*性别*/
    int cgrade;                /*C语言成绩*/
    int mgrade;                /*数学成绩*/
    int egrade;                /*英语成绩*/
    int total;                 /*总分*/
    int ave;                   /*平均分*/
    char neartime[10];         /*最近更新时间*/
};
```

结构体struct student将用于存储学生的基本信息，作为单链表的数据域。

b. 单链表node结构

```
typedef struct node{
    struct student data;
    struct node *next;
}Node, *Link;
```

定义了一个单链表结构,结构类型为struct node。data为struct student结构类型的变量,是单链表结构中的数据域,next为单链表的指针域,用来存储其后续节点的地址。Node为struct node结构类型的别名,*Link为struct node类型的指针变量。

3. 系统实现

(1) Printstart()。函数原型:void Printstart(),用于以表格形式显示学生记录时,打印出表头信息。

(2) Printc()。函数原型:void Printc(),用于以表格形式打印学生记录时,打印输出单链表学生信息。

(3) Locate()。函数原型:Node *Locate(Link 1,char findmess[],char nameornum[]),用于定位链表中符合要求的节点,并返回该指针。

(4) Add()。函数原型:void Add(Link 1),用于在单链表1中增加学生记录节点。

(5) Qur()。函数原型:void Qur(Link 1),用于在单链表1中按学号或者姓名查找满足条件的学生,并显示出来。

(6) Del()。函数原型:void Del(Link 1),用于先在单链表1中找到满足条件的学生记录节点,然后删除该节点。

(7) Modify()。函数原型:void Modify(Link 1),用于在单链表1中修改学生记录。

(8) Count()。函数原型:void Count(Link 1),用于统计单链表1中所有的学生成绩总分、平均最高分及各单科成绩最高的学生。

(9) Sort()。函数原型:void Sort(Link 1),在单链表1中利用插入排序算法实现单链表的总分字段的降序排序。

(10) Save()。函数原型:void Save(Link 1),用于将单链表1中的数据写入磁盘中的数据文件。

(11) Disp()。函数原型:void Disp(Link 1),用于显示资料。

(12) Printe()。函数原型:void Printe(Node *p),用于输出学生信息。

(13) Nofind()。函数原型:void Nofind(),用于提示没有找到记录。

(14) Wrong()。函数原型:void Wrong(),用于提示输入错误。

(15) main()。整个成绩管理系统的控制部分。

〖程序代码〗

```
#include "stdio.h"
#include "stdlib.h"
#include "string.h"
int shouldsave = 0;              /* 全局变量,存盘操作标记 */
struct student {
    char num[10];                /* 学号 */
    char name[20];
```

```
    char sex[4];
    int cgrade;
    int mgrade;
    int egrade;
    int total;
    int ave;
    char neartime[10];      /* 最近更新时间 */
};
typedef struct node {
    struct student data;
    struct node *next;
}Node, *Link;
void menu() {
    printf("****************************");
    printf("\t1 登记学生资料\t\t\t\t\t2 删除学生资料\n");
    printf("\t3 查询学生资料\t\t\t\t\t4 修改学生资料\n");
    printf("\t5 保存学生资料\t\t\t\t\t6 排序学生资料\n");
    printf("\t7 统计学生资料\t\t\t\t\t8 输出学生资料\n");
    printf("\t9 帮助信息\t\t\t\t\t0 退出系统\n");
    printf("****************************\n");
}
void Printstart() {
    printf("-----------------------------\n");
}
void Wrong() {
    printf("\n=====>提示:输入错误! \n");
}
void Nofind() {
    printf("\n=====>提示:没有找到该学生! \n");
}
void Printc(){                /* 本函数用于输出中文 */
    printf("学号  姓名  性别  英语成绩  数学成绩  C语言成绩  总分  平均分\n");
}
void Printe(Node *p) {      /* 本函数用于输出英文 */
    printf("%s    %-10s%s      %7d%11d%11d%6d%8d\n",p->data.num,
    p->data.name,p->data.sex,p->data.egrade,p->data.mgrade,
```

```
    p->data.cgrade,p->data.total,p->data.ave);
}
/* 该函数用于定位链表中符合要求的节点,并返回该指针 */
Node* Locate(Link l,char findmess[],char nameornum[]){
    Node *r;
    if(strcmp(nameornum,"num")==0) {          /* 按学号查询 */
        r=l->next;
        while(r!=NULL) {
            if(strcmp(r->data.num,findmess)==0)
                return r;
            r=r->next;
        }
    }
    else if(strcmp(nameornum,"name")==0) {    /* 按姓名查询 */
        r=l->next;
        while(r!=NULL) {
            if(strcmp(r->data.name,findmess)==0)
                return r;
            r=r->next;
        }
    }
    return 0;
}
void Add(Link l) {                            /* 增加学生 */
    Node *p,*r,*s;
    char num[10];
    r=l;
    s=l->next;
    while(r->next!=NULL)
        r=r->next;                            /* 将指针置于最末尾 */
    while(1) {
        printf("请输入学号(以'0'返回上一级菜单:)");
        scanf("%s",num);
        if(strcmp(num,"0")==0)
            break;
        while(s) {
```

```
        if(strcmp(s->data.num,num)==0){
            printf("=====>提示:学号为'%s'的学生已经存在,若要
              修改请选择'4 修改'! \n",num);
            Printstart();
            Printc();
            Printe(s);
            Printstart();
            printf("\n");
            return;
        }
        s=s->next;
    }
    p=(Node *)malloc(sizeof(Node));
    strcpy(p->data.num,num);
    printf("请输入姓名:");
    scanf("%s",p->data.name);
    getchar();
    printf("请输入性别:");
    scanf("%s",p->data.sex);
    getchar();
    printf("请输入C语言成绩:");
    scanf("%d",&p->data.cgrade);
    getchar();
    printf("请输入数学成绩:");
    scanf("%d",&p->data.mgrade);
    getchar();
    printf("请输入英语成绩:");
    scanf("%d",&p->data.egrade);
    getchar();
    p->data.total=p->data.egrade+p->data.cgrade+p->data.mgrade;
    p->data.ave=p->data.total / 3;
    /* 信息输入已经完成 */
    p->next=NULL;
    r->next=p;
    r=p;
```

```
            shouldsave = 1;
        }
    }
    void Qur(Link l) {                         /* 查询学生 */
        int sel;
        char findmess[20];
        Node *p;
        if(! l->next){
            printf("\n=====>提示:没有资料可以查询! \n");
            return;
        }
        printf("\n=====>1 按学号查找\n=====>2 按姓名查找\n");
        scanf("%d",&sel);
        if(sel == 1) {                         /* 学号 */
            printf("请输入要查找的学号:");
            scanf("%s",findmess);
            p = Locate(l,findmess,"num");
            if(p) {
                printf("\t\t\t\t 查找结果\n");
                Printstart();
                Printc();
                Printe(p);
                Printstart();
            }
            else
                Nofind();
        }
        else if(sel == 2) {                    /* 姓名 */
            printf("请输入要查找的姓名:");
            scanf("%s",findmess);
            p = Locate(l,findmess,"name");
            if(p) {
                printf("\t\t\t\t 查找结果\n");
                Printstart();
                Printc();
                Printe(p);
```

```
            Printstart();
        }
        else
            Nofind();
    }
    else
        Wrong();
}
void Del(Link l) {                    /* 删除 */
    int sel;
    Node *p, *r;
    char findmess[20];
    if(! l->next) {
        printf("\n=====>提示:没有资料可以删除! \n");
        return;
    }
    printf("\n=====>1 按学号删除\n=====>2 按姓名删除\n");
    scanf("%d",&sel);
    if(sel==1) {
        printf("请输入要删除的学号:");
        scanf("%s",findmess);
        p=Locate(l,findmess,"num");
        if(p) {
            r=l;
            while(r->next!=p)
                r=r->next;
            r->next=p->next;
            free(p);
            printf("\n=====>提示:该学生已经成功被删除! \n");
            shouldsave=1;
        }
        else
            Nofind();
    }
    else if(sel==2) {
        printf("请输入要删除的姓名:");
```

```
            scanf("%s",findmess);
            p=Locate(l,findmess,"name");
            if(p) {
                r=l;
                while(r->next!=p)
                    r=r->next;
                r->next=p->next;
                free(p);
                printf("\n=====>提示:该学生已经成功被删除!\n");
                shouldsave=1;
            }
            else
                Nofind();
        }
        else
            Wrong();
}
void Modify(Link l) {          /* 本函数用于修改资料 */
    Node *p;
    char findmess[20];
    if(!l->next) {
        printf("\n=====>提示:没有资料可以修改!\n");
        return;
    }
    printf("请输入要修改的学生学号:");
    scanf("%s",findmess);
    p=Locate(l,findmess,"num");
    if(p) {
        printf("请输入新学号(原来是%s):",p->data.num);
        scanf("%s",p->data.num);
        printf("请输入新姓名(原来是%s):",p->data.name);
        scanf("%s",p->data.name);
        getchar();
        printf("请输入新性别(原来是%s):",p->data.sex);
        scanf("%s",p->data.sex);
        printf("请输入新的C语言成绩(原来是%d分):",p->data.cgrade);
```

```
        scanf(" %d",&p->data.cgrade);
        getchar();
        printf("请输入新的数学成绩(原来是%d分):",p->data.mgrade);
        scanf(" %d",&p->data.mgrade);
        getchar();
        printf("请输入新的英语成绩(原来是%d分):",p->data.egrade);
        scanf(" %d",&p->data.egrade);
        p->data.total=p->data.egrade+p->data.cgrade+p->data.mgrade;
        p->data.ave=p->data.total/3;
        printf("\n=====>提示:资料修改成功! \n");
        shouldsave=1;
    }
    else
        Nofind();
}
void Disp(Link l) {                          /* 本函数用于显示资料 */
    int count=0;
    Node *p;
    p=l->next;
    if(!p) {
        printf("\n=====>提示:没有资料可以显示! \n");
        return;
    }
    printf("\t\t\t\t显示结果\n");
    Printstart();
    Printc();
    printf("\n");
    while(p) {
        Printe(p);
        p=p->next;
    }
    Printstart();
    printf("\n");
}
void Count(Link l) {                         /* 本函数用于统计分数 */
    Node *pm,*pe,*pc,*pt,*pa;               /* 用于指向分数最高的节点 */
```

```
    Node *r=l->next;
    if(!r){
        printf("\n=====>提示:没有资料可以统计!\n");
        return ;
    }
    pm=pe=pc=pt=pa=r;
    while(r!=NULL){
        if(r->data.cgrade>=pc->data.cgrade)
            pc=r;
        if(r->data.mgrade>=pm->data.mgrade)
            pm=r;
        if(r->data.egrade>=pe->data.egrade)
            pe=r;
        if(r->data.total>=pt->data.total)
            pt=r;
        if(r->data.ave>=pa->data.ave)
            pa=r;
        r=r->next;
    }
    printf("------------------统计结果------------------\n");
    printf("总分最高者:\t%s %d分\n",pt->data.name,pt->data.total);
    printf("平均分最高者:\t%s %d分\n",pa->data.name,pa->data.ave);
    printf("英语最高者:\t%s %d分\n",pe->data.name,pe->data.egrade);
    printf("数学最高者:\t%s %d分\n",pm->data.name,pm->data.mgrade);
    printf("C语言最高者:\t%s %d分\n",pc->data.name,pc->data.cgrade);
    Printstart();
}
void Sort(Link l){
    Link ll;
    Node *p,*rr,*s;
    ll=(Link)malloc(sizeof(Node)); /* 用于做新的链表 */
    ll->next=NULL;
    if(l->next==NULL){
        printf("\n=====>提示:没有资料可以排序!\n");
        return ;
    }
```

```
    p=l->next;
    while(p) {
        s=(Node*)malloc(sizeof(Node)); /* 新建节点用于保存信息 */
        s->data=p->data;
        s->next=NULL;
        rr=ll;
        while(rr->next!=NULL && rr->next->data.total>=p->data.total)
            rr=rr->next;
        if(rr->next==NULL)
            rr->next=s;
        else {
            s->next=rr->next;
            rr->next=s;
        }
        p=p->next;
    }
    free(l);
    l->next=ll->next;
    printf("\n=====>提示:排序已经完成! \n");
}
void Save(Link l){
    FILE *fp;
    Node *p;
    int flag=1,count=0;
    fp=fopen("student","wb");
    if(fp==NULL) {
        printf("\n=====>提示:重新打开文件时发生错误! \n");
        exit(1);
    }
    p=l->next;
    while(p) {
        if(fwrite(p,sizeof(Node),1,fp)==1) {
            p=p->next;
            count++;
        }
```

```
        else {
            flag = 0;
            break;
        }
    }
    if(flag) {
        printf("\n== == =>提示:文件保存成功.(有%d条记录已经保存.)\n",count);
        shouldsave = 0;
    }
    fclose(fp);
}
void main(){
    Link l;                                    /* 链表 */
    FILE *fp;                                  /* 文件指针 */
    int sel;
    char ch;
    int count = 0;
    Node *p, *r;
    printf("\t\t\t\t 学生成绩管理系统\n ");
    l = (Node *)malloc(sizeof(Node));
    l->next = NULL;
    r = l;
    fp = fopen("student","rb");
    if(fp == NULL)
        fp = fopen("student","wb");
    printf("\n== == =>提示:文件已经打开,正在导入记录......\n");
    while(! feof(fp)) {
        p = (Node *)malloc(sizeof(Node));
        if(fread(p,sizeof(Node),1,fp)) {  /* 将文件的内容放入节点中 */
            p->next = NULL;
            r->next = p;
            r = p;                             /* 将该节点插入链表中 */
            count++;
        }
        if(count == 0)break;
    }
```

```
    fclose(fp);                              /* 关闭文件 */
    printf("\n== == = >提示:记录导入完毕,共导入%d条记录.\n",count);
    while(1) {
        menu();
        printf("请选择操作:");
        scanf("%d",&sel);
        if(sel==0) {
            if(shouldsave==1){
                getchar();
                printf("\n== == = >提示:资料已经改动,是否将改动保存
                  到文件中(y/n)? \n");
                scanf("%c",&ch);
                if(ch=='y'||ch=='Y')
                    Save(1);
            }
            printf("\n== == = >提示:已经退出系统,再见! \n");
            break;
        }
        switch(sel) {
            case 1:Add(1); break;                /* 增加学生 */
            case 2:Del(1); break;                /* 删除学生 */
            case 3:Qur(1); break;                /* 查询学生 */
            case 4:Modify(1); break;             /* 修改学生 */
            case 5:Save(1); break;               /* 保存学生 */
            case 6:Sort(1); break;               /* 排序学生 */
            case 7:Count(1); break;              /* 统计学生 */
            case 8:Disp(1); break;               /* 显示学生 */
            case 9:printf("\t\t\t== == == == ==帮助信息== == == ====\n");
                 break;
            default: Wrong(); getchar(); break;
        }
    }
}
```

〖程序运行〗

(1) 主界面。进入成绩管理系统，选择 0～9 之间的数值，调用相应的功能。主界面如图10 - 3所示。

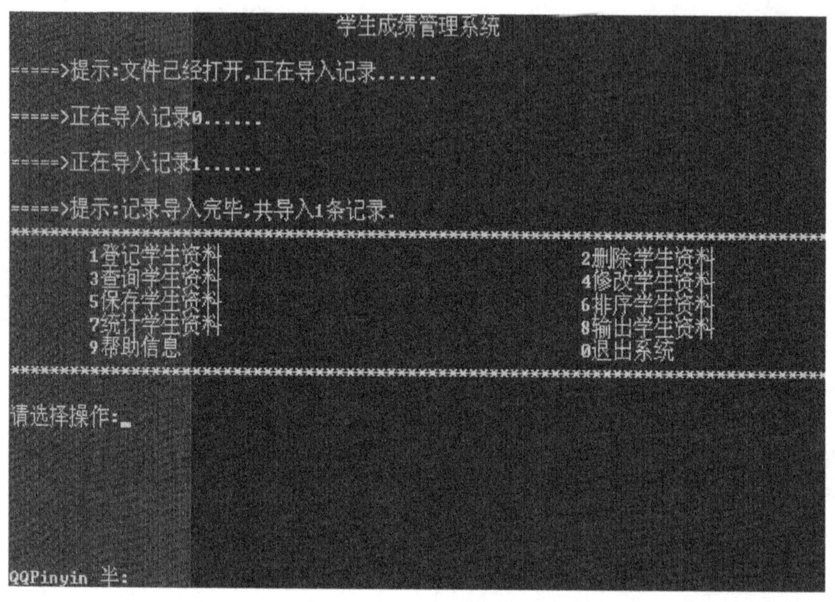

图 10 - 3　主界面

(2) 登记学生资料。输入“1”并按回车键后，即可进入数据输入界面，输入界面如图10 - 4 所示。当学号输入为“0”时，结束输入过程，返回到主菜单。

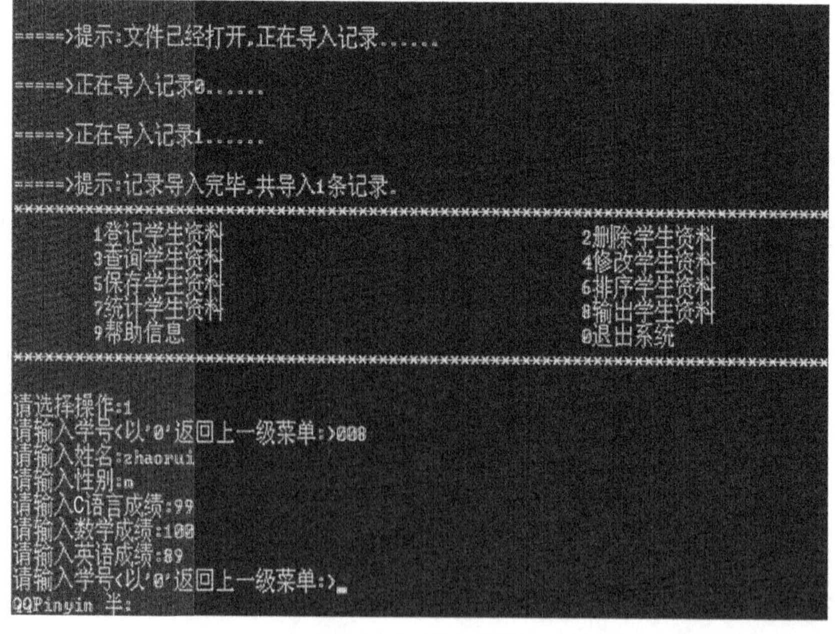

图 10 - 4　输入界面

(3) 删除学生资料。输入“2”并按回车键后，即可进入记录删除界面，删除界面如图10－5所示。这里按学号删除记录。

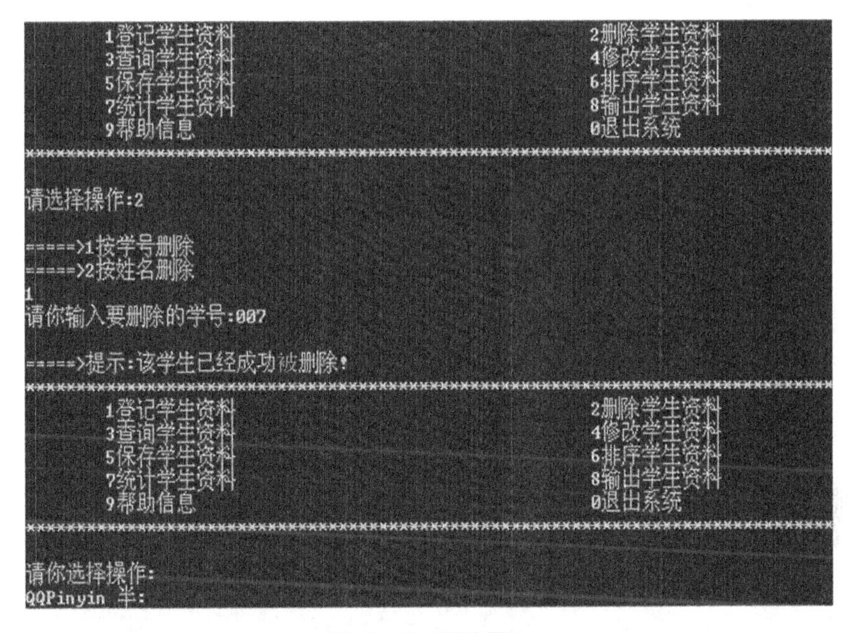

图10－5　删除界面

(4) 查询学生资料。输入“3”并按回车键后，即可进入记录查询界面，查询界面如图10－6所示。可以按学号和姓名进行查找。

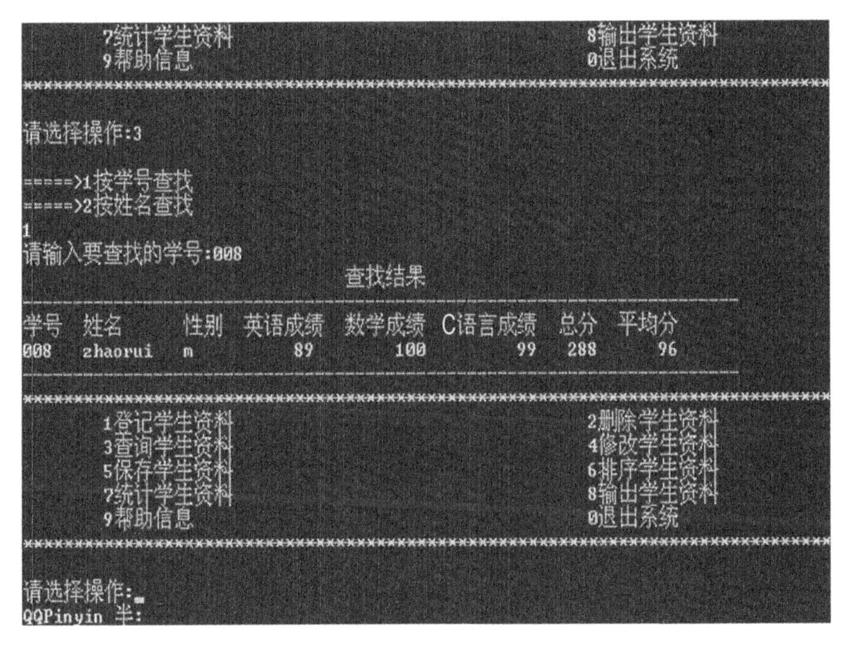

图10－6　查询界面

(5) 修改学生资料。输入“4”并按回车键后，即可进入记录修改界面。

(6) 排序学生资料。输入“6”并按回车键后，即可进入记录排序界面。

(7) 统计学生资料。输入“7”并按回车键后，即可进入记录统计界面。

(8) 输出学生资料。输入“8”并按回车键后，即可进入记录显示界面。

(9) 退出系统。输入“0”并按回车键后，即可进入退出界面，并提示保存资料。退出界面如图 10-7 所示。

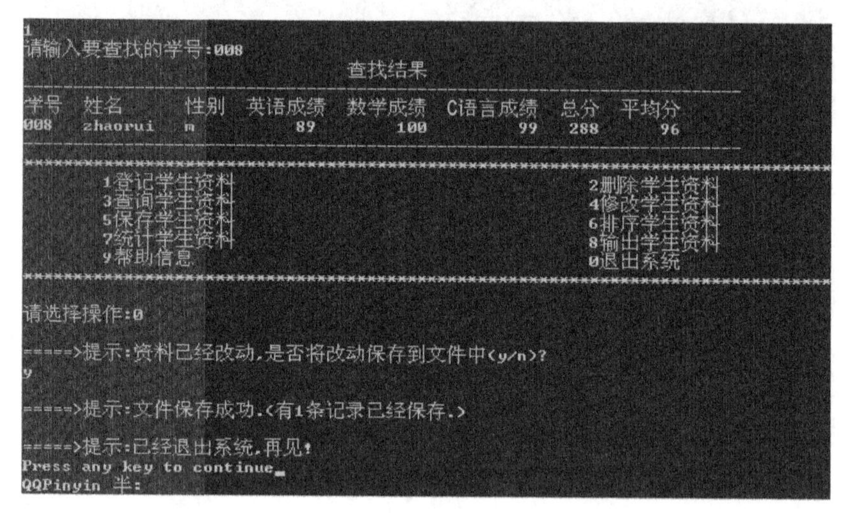

图 10-7　退出界面

实训练习

〖实训目的〗

(1) 课程实训针对本课程所学知识进行综合性的实践训练；

(2) 熟练掌握 C 语言程序设计的方法；

(3) 理解 C 语言的语法规则、编程思想；

(4) 掌握程序的运行、调试方法；

(5) 培养学生分析问题、解决问题的能力。

〖实训内容〗

实训时间一周，30 学时。课程实训主要从以下方面对学生进行训练：

(1) 顺序结构，选择结构，循环结构；

(2) 模块化程序设计；

(3) 数组的应用；

(4) 指针的使用；

(5) 结构体的应用；

（6）文件的应用。

实训题目分为单项训练和综合训练。综合训练题目为每人必做项目，单项训练题目针对每个学生的学习情况分别布置，目的是为了发挥每个学生的能动性。

〖考核标准〗

要求每个学生独立完成单项训练和综合训练题目，编写的程序代码能够正常运行。按下面几个方面评定实训成绩：

（1）程序是否能正常运行；

（2）程序能否完成题目所提出的功能要求；

（3）人机界面是否友好；

（4）是否在规定时间内独立完成；

（5）实训报告是否内容准确、格式规范。

〖综合训练题目〗

（1）修改前面的学生成绩管理系统，学生记录采用结构数组，功能不变。

（2）完成学生电话簿的链表管理程序。程序功能要求：电话簿数据包括姓名和电话号码两项。完成电话簿文件的建立、输出、查询、删除和插入五个功能。

拓展提升

链表的应用

拓展提升

单向动态链表

综合实训的内容结构如图 10－8 所示。

综合实训		
	综合实训目的	培养学生面向过程的程序设计思想及方法
	综合实训时间	一周实训，30 课时
	综合实训内容	1. 流程控制语句　2. 模块化程序设计 3. 数组的应用　4. 指针的使用 5. 结构体的应用　6. 文件的应用
	实训能力目标	1. 语法应用能力　2. 算法设计能力 3. 代码编写能力　4. 程序调试能力 5. 文档编写能力
	实训考核标准	1. 正常运行　2. 完成功能要求 3. 界面友好　4. 规定时间内完成 5. 实训报告内容准确，格式规范

图 10－8　综合实训的内容结构

单项训练

1. 编写一个课表查询菜单程序，由键盘输入1～5中的数字时，在屏幕上显示出相应的星期一到星期五的课表，输入0时退出菜单程序，输入0～5之外的数字时要重新输入，菜单格式要求：

```
课表查询菜单
-- -- -- -- -- -- --
0.退  出
1.星期一
2.星期二
3.星期三
4.星期四
5.星期五
-- -- -- -- -- -- --
请选择(0～5)：1
星期一：(1～2)英语、(3～4)数学、(5～6)电路
请选择(0～5)：2
……
请选择(0～5)：0
谢谢查询，再见!
```

2. 算术测试程序。该程序用来测试小学生的加减运算能力。运行界面如下(带下画线的部分为输入字符)：

```
请输入试题数量：3
22 - 77 = -55
正确!
85 + 21 = 106
正确!
86 - 24 = 60
错误! 答案为：62
总共3道题，做对2题，正确率为67%。
```

3. 用户登录程序。提示用户输入用户名和密码，判断是否合法(假设合法的用户名是"Tom"，密码是"123456")，如果合法，显示"Welcome to use the software."；否则要求

重新输入，允许输入 3 次，若 3 次都错，显示"Password error! You can not use software."。

4. 有如下 10 个国家(包括中国)在进行某项体育比赛，依规定入场时除东道主中国走在最后外，其他国家按国名的英语字母顺序排列，请编写程序完成。

   10 个国家为：Thailand、Singapore、Laos、Burma、China、India、Nepal、Japan、Egypt、Indonesia。

5. 编写程序计算两个矩阵的和，两个矩阵相加是对应元素相加，各元素的值由随机函数产生。要求使用函数调用完成。

6. 评分统计程序。共有 8 个评委打分，分值为 1～10。统计时去掉一个最高分和一个最低分，其余 6 个分数的平均分即是最后得分，得分精确到 2 位小数。

7. 编写程序，计算 100～1 000 之间的特殊数：素数、回文数、完数、水仙花数。要求：

   (1) 采用模块化程序设计方法。

   (2) 菜单设计格式如下：

```
          菜    单
   -- -- -- --
     1. 素    数
     2. 回 文 数
     3. 完    数
     4. 水仙花数
     5. 退    出
   -- -- -- --
```

8. 输入 10 本书的书名和单价，按照单价的升序进行排序后输出。输入格式：

```
Please enter a book's name and its price. book1 : ××.××
……
Please enter a book's name and its price. book 10 : ××.××
输出格式：
…………BOOK LIST…………
book n: ××.××
……
```

9. 现有教师(姓名、单位、住址、职称)和学生(姓名、班级、住址、入学成绩)的信息。输入 10 名师生的原始信息后，按姓名排序，然后按排序后的顺序输出两张信息表。

10. 某个公司采用公用电话传递数据，总共要传递 10 个数据，每个数据都是四位整数。在传递过程中是加密的，加密规则如下：每位数字都加上 5，然后用和除以 10 得到的余数代替该数字，再将第一位和第四位交换，第二位和第三位交换。要求从键盘提供10个原始数据，输出加密后的数据。

11. 某班有10名学生，每个学生信息包括学号、姓名、4门课程成绩、总成绩及名次。

(1) 计算每个学生的总成绩，并按总成绩由高分到低分输出学生信息。

(2) 计算每个学生的平均成绩，并将平均成绩高于全班总分平均成绩的学生信息输出。

(3) 个人总成绩超过全班总分平均成绩20%的学生评为一等奖学金，超过全班总分平均成绩10%的学生评为二等奖学金。要求输出获得一、二等奖学金学生的学号和各门课成绩。

12. 电话簿中每个人的数据由姓名和电话号码两项组成。设计一个结构体数组来表示电话簿，读取10个人的数据并按姓名排序。然后等待用户输入一个电话号码，如果电话簿中有此号码，则输出相应的用户信息，否则输出"此号是空号"。

13. 编写同学录管理程序，要求可以实现录入、排序、查询及修改功能。同学录信息包括学号、姓名和联系电话。

附录

附录 A　ASCII 字符编码一览表

十六进制表示

	0	1	2	3	4	5	6	7	8	9	a	b	c	d	e	f
00	NUL	SOH	STX	ETX	EOT	ENQ	ACK	BEL	BS	HT	LF	VT	FF	CR	SO	SI
10	DLE	DC1	DC2	DC3	DC4	NAK	SYN	ETB	CAN	EM	SUB	ESC	FS	GS	RS	US
20		!	"	#	$	%	&	'	(	)	*	+	,	—	.	/
30	0	1	2	3	4	5	6	7	8	9	:	;	<	=	>	?
40	@	A	B	C	D	E	F	G	H	I	J	K	L	M	N	O
50	P	Q	R	S	T	U	V	W	X	Y	Z	[	\	]	^	_
60	`	a	b	c	d	e	f	g	h	i	j	k	l	m	n	o
70	p	q	r	s	t	u	v	w	x	y	z	{	|	}	~	

十进制表示

	0	1	2	3	4	5	6	7	8	9	10	11	12	13	14	15
0	NUL	SOH	STX	ETX	EOT	ENQ	ACK	BEL	BS	HT	LF	VT	FF	CR	SO	SI
16	DLE	DC1	DC2	DC3	DC4	NAK	SYN	ETB	CAN	EM	SUB	ESC	FS	GS	RS	US
32		!	"	#	$	%	&	'	(	)	*	+	,	—	.	/
48	0	1	2	3	4	5	6	7	8	9	:	;	<	=	>	?
64	@	A	B	C	D	E	F	G	H	I	J	K	L	M	N	O
80	P	Q	R	S	T	U	V	W	X	Y	Z	[	\	]	^	_
96	`	a	b	c	d	e	f	g	h	i	j	k	l	m	n	o
112	p	q	r	s	t	u	v	w	x	y	z	{	|	}	~	

二进制表示

高位＼低位	0000	0001	0010	0011	0100	0101	0110	0111	1000	1001	1010	1011	1100	1101	1110	1111
0000	NUL	SOH	STX	ETX	EOT	ENQ	ACK	BEL	BS	HT	LF	VT	FF	CR	SO	SI
0001	DLE	DC1	DC2	DC3	DC4	NAK	SYN	ETB	CAN	EM	SUB	ESC	FS	GS	RS	US
0010		!	"	#	$	%	&	'	(	)	*	+	,	-	.	/
0011	0	1	2	3	4	5	6	7	8	9	:	;	<	=	>	?
0100	@	A	B	C	D	E	F	G	H	I	J	K	L	M	N	O
0101	P	Q	R	S	T	U	V	W	X	Y	Z	[	\	]	^	_
0110	`	a	b	c	d	e	f	g	h	i	j	k	l	m	n	o
0111	p	q	r	s	t	u	v	w	x	y	z	{	|	}	~	

说明：

NUL：空白　SOH：文件头　STX：测试开始　ETX：文本结束
EOT：传输结束　ENQ：查询　ACK：确认　BEL：蜂鸣
BS：退格　HT：水平制表　LF：换行　VT：垂直制表
FF：换页　CR：回车　SO：移出　SI：移入
DLE：数据连接转义　DC1：设备控制1　DC2：设备控制2　DC3：设备控制3
DC4：设备控制4　NAK：否认　SYN：同步空闲　ETB：块传输结束
CAN：取消　EM：截止结尾　SUB：替代　ESC：换码
FS：文件分隔符　GS：组分隔符　RS：记录分隔符　US：单元分隔符

附录B　常用库函数选摘

1. 数学函数(math.h)

(1) int abs(int x)

功能：求整数x的绝对值。返回计算结果。

(2) double acos(double x)

功能：计算arccos(x)的值。x应在−1到1之间。

(3) double asin(double x)

功能：计算arcsin(x)的值。x应在−1到1之间。

(4) double atan(double x)

功能：计算arctg(x)的值。

(5) double atan2(double x, double y)

功能：计算arctg (x/y)的值。

(6) double cos(double x)

功能：计算 cos(x)的值。x 的单位为弧度。

(7) double cosh(double x)

功能：计算 x 的双曲余弦 cosh(x)的值。

(8) double exp(double x)

功能：求 e^x的值。

(9) double fabs(double x)

功能：求 x 的绝对值。

(10) double floor(double x)

功能：求出不大于 x 的最大整数。返回该整数的双精度实数。

(11) double fmod(double x, double y)

功能：求整除 x/y 的余数。返回余数的双精度实数。

(12) double frexp(double val, int *eptr)

功能：把双精度数 val 分解为数字部分(尾数)x 和以 2 为底的指数 n,即 $val = x \times 2^n$，n 存放在 eptr 指向的变量中。返回数字部分 x,其中 $0.5 \leqslant x < 1$。

(13) double log(double x)

功能：求 $\log_e x$,即 lnx。

(14) double log10(double x)

功能：求 $\log_{10} x$。

(15) double modf(double val, double *iptr)

功能：把双精度数 val 分解为整数部分和小数部分,把整数部分存到 iptr 指向的单元。返回 val 的小数部分。

(16) double pow (double x, double y)

功能：计算 x^y的值。

(17) int rand(void)

功能：产生−90 到 32 767 间的随机整数。

(18) double sin(double x)

功能：计算 sin(x)的值。x 单位为弧度。

(19) double sinh(double x)

功能：计算 x 的双曲正弦函数 sinh(x)的值。

(20) double sqrt(double x)

功能：计算$\sqrt{x}$的值。要求 $x \geqslant 0$。

(21) double tan(double x)

功能：计算 tan(x)的值。x 单位为弧度。

(22) double tanh(double x)

功能：计算 x 的双曲正切函数 tanh(x)的值。

2. 字符函数(ctype.h)

(23) int isalnum(int ch)

功能：检查ch是否是字母或数字。是字母或数字，就返回1；否则返回0。

(24) int isalpha(int ch)

功能：检查ch是否为字母。是，返回1；不是，返回0。

(25) int iscntrl(int ch)

功能：检查ch是否为控制字符(ASCII码在0和0x1F之间)。是，返回1；不是，返回0。

(26) int isdigit(int ch)

功能：检查ch是否为数字(0～9)。是，返回1；不是，返回0。

(27) int isgraph(int ch)

功能：检查ch是否为可打印字符(ASCII码在0x21到0x7E之间)，不包括空格。是，返回1；不是，返回0。

(28) int islower(int ch)

功能：检查ch是否为小写字母(a～z)。是，返回1；不是，返回0。

(29) int isprint(int ch)

功能：检查ch是否可打印字符(包括空格)，ASCII码在0x20到0x7E之间。是，返回1；不是，返回0。

(30) int ispunct(int ch)

功能：检查ch是否为标点字符，即除字母、数字和空格以外的所有可打印字符。是，返回1；不是，返回0。

(31) int isspace(int ch)

功能：检查ch是否为空格、跳格符(制表符)或换行符。是，返回1；不是，返回0。

(32) int isupper(int ch)

功能：检查ch是否为大写字母(A～Z)。是，返回1；不是，返回0。

(33) int isxdigit(int ch)

功能：检查ch是否为一个十六进制数字字符(即0～9，或A～F，或a～f)。是，返回1；不是，返回0。

(34) int tolower(int ch)

功能：ch字符转换为小写字母。

(35) int toupper(int ch)

功能：将ch字符转换成大写字母。

3. 字符串函数(string.h)

(36) char *strcat (char *str1,chat *str2)

功能：把字符串str2接到str1后面，str1最后面的'\0'被删除，返回str1 。

(37) char *strchr(char *str, int ch)

功能：找出str指向的字符串中第一次出现字符ch的位置，返回指向该位置的指针，如找不到,则返回空指针。

(38) int strcmp(char * str1, char * str2)

功能:比较两个字符串。若str1<str2,返回-1;若str1=str2,返回0;若str1>str2,返回1。

(39) char * strcpy(char * str1, char * str2)

功能:把str2指向的字符串拷贝到str1中去,返回str1。

(40) unsigned int strlen(char * str)

功能:统计字符串str中字符的个数(不包括终止符'\0'),返回字符个数。

(41) char * strstr(char * str1,char * str2)

功能:找出str2字符串在str1字符串中第一次出现的位置(不包括str2的结束符),返回该位置的指针。如找不到,返回空指针。

4. 输入输出函数(stdio.h)

(42) int fclose(FILE * fp)

功能:关闭fp所指的文件,释放文件缓冲区。有错误时,返回非0;否则返回0。

(43) int feof(FILE * fp)

功能:检查文件是否结束。遇文件结束符时返回非零值,否则返回0。

(44) int fgetc(FILE * fp)

功能:从fp所指的文件中读取下一个字符。读取成功时,返回该字符;若出错或文件结束,返回EOF。

(45) char * fgets (char * buf ,int n,FILE * fp)

功能:从fp指向的文件读取n-1个字符,遇到'\n'为止,并把读出内容存入buf中,返回地址buf,若遇文件结束或出错,返回NULL。

(46) FTLE * fopen (char * filename,char * mode)

功能:以mode指定的方式打开名为filename的文件。如果成功就返回一个文件指针,否则返回0。

(47) int fprintf(FILE * fp,char * format,argsl, …)

功能:把"args1, …"列表中各项的值以format指定的格式输出到fp所指定的文件中,返回实际输出的字符数。

(48) int fputc(char ch, FILE * fp)

功能:将字符ch输出到fp指向的文件中。如果成功就返回该字符,否则返回EOF。

(49) int fputs(char * str,FILE * fp)

功能:将str指向的字符串输出到fp所指定的文件。如果成功就返回最后写的字符,出错则返回EOF。

(50) int fread (char * pt,unsigned size,unsigned n,FILE * fp)

功能:从fp所指定的文件中读取长度为size的n个数据项,存到pt所指向的内存区。如果操作成功,返回所读的数据项个数,如遇文件结束或出错返回0值。

(51) int fscanf(FILE * fp,char format,args1, …)

功能：从 fp 指定的文件中按 format 给定的格式将输入数据送到 args1 所指向的内存单元(args1 是指针)。如果操作成功就返回已输入的数据个数，如遇文件结束返回 EOF，出错返回 0 值。

(52) int fseek (FILE * fp,long offset,int base)

功能：将 fp 所指向的文件的位置指针移到以 base 所指出的位置为基准、以 offset 为位移量的位置。如果移动成功就返回 0，否则返回−1。

(53) long ftell(FILE * fp)

功能：返回 fp 所指向的文件中的读写位置。

(54) int fwrite (char * ptr, unsigned size, unsigned n, FILE * fp)

功能：把 ptr 所指向的 n×size 个字节输出到 fp 所指向的文件中。如果操作成功就返回写到 fp 文件中的数据项的个数，否则返回 0。

(55) int getc(FILE * fp)

功能：从 fp 所指向的文件中读入一个字符，返回所读的字符，若文件结束或出错返回 EOF。

(56) int getchar(void)

功能：从标准输入设备读取下一个字符，返回所读字符。若文件结束或出错，则返回 EOF。

(57) int printf(char * format, args1, …)

功能：按 format 指定的格式，将输出列表“args1, …”的值输出到标准输出设备。如果操作成功就返回输出的字符个数，出错则返回 EOF。

(58) int putc(int ch,FILE * fp)

功能：把一个字符 ch 输出到 fp 所指的文件中，返回输出的字符 ch，若出错返回 EOF。

(59) int putchar(char ch)

功能：把字符 ch 输出到标准输出设备，返回输出的字符 ch，若出错返回 EOF。

(60) int puts(char * str)

功能：把 str 指向的字符串输出到标准输出设备，将'\0 '转换为回车换行，返回换行符，若失败返回 EOF。

(61) int rename (char * oldname,char * newname)

功能：把由 oldname 所指的文件名，改为由 newname 所指的文件名。如果操作成功就返回 0，出错则返回−1。

(62) void rewind(FILE * fp)

功能：将 fp 指示的文件中的位置指针置于文件开头位置，并清除文件结束标志和错误标志，无返回值。

(63) int scanf(char * format, args1, …)

功能：从标准输入设备按格式字符串 format 所规定的格式，输入数据给参数所指向的单元,返回参数的个数。遇结束返回 EOF,出错返回 0。

5. 动态存储分配函数(malloc.h)

(64) void * calloc (unsigned n, unsigned size)

功能:分配 n 个数据项的内存连续空间,每个数据项的大小为 size,返回新分配的内存单元的起始地址。如不成功,返回 NULL。

(65) void free(vold * p)

功能:释放 p 所指的内存区,无返回值。

(66) void * malloc(unsigned size)

功能:分配 size 字节的存储区,返回新分配的内存单元的起始地址。如不成功,则返回 NULL。

(67) void * realloc(void * p, unsigned size)

功能:将 p 所指向的已分配内存区的大小改为 size,size 可以比原来分配的空间大或小,返回指向该内存区的指针。

附录C 运算符及其结合方向

优先级	运算符	含　义	运算类型	结合方向
15	()	圆括号、函数参数表		左结合
	[ ]	下标运算符		
	->	指向结构体成员		
	.	结构体成员		
14	!	逻辑非运算符	单目运算	右结合
	~	按位取反运算符		
	++、--	自增运算符、自减运算符		
	-	求负		
	(类型)	强制类型转换运算符		
	*	指针间接引用运算符		
	&	取地址运算符		
	sizeof	求所占字节数		
13	*、/、%	乘、除、整数求余运算	双目运算	左结合
12	+、-	加、减法运算符	双目运算	左结合
11	<<、>>	左移、右移运算符	双目运算	左结合
10	<、>	小于、大于运算符	双目运算	左结合
	<=、>=	小于等于、大于等于运算符		

续　表

<table>
<tr><th>优先级</th><th>运算符</th><th>含　　义</th><th>运算类型</th><th>结合方向</th></tr>
<tr><td>9</td><td>==、!=</td><td>相等、不等运算符</td><td>双目运算</td><td>左结合</td></tr>
<tr><td>8</td><td>&</td><td>按位与运算符</td><td>双目运算</td><td>左结合</td></tr>
<tr><td>7</td><td>^</td><td>按位异或运算符</td><td>双目运算</td><td>左结合</td></tr>
<tr><td>6</td><td>|</td><td>按位或运算符</td><td>双目运算</td><td>左结合</td></tr>
<tr><td>5</td><td>&&</td><td>逻辑与运算符</td><td>双目运算</td><td>左结合</td></tr>
<tr><td>4</td><td>||</td><td>逻辑或运算符</td><td>双目运算</td><td>左结合</td></tr>
<tr><td>3</td><td>?:</td><td>条件运算符</td><td>三目运算</td><td>右结合</td></tr>
<tr><td rowspan="2">2</td><td>=</td><td>赋值运算符</td><td rowspan="2">双目运算</td><td rowspan="2">右结合</td></tr>
<tr><td>+=、-=、*=、/=、%=、>>=、<<=、&=、^=、|=</td><td>复合赋值运算符</td></tr>
<tr><td>1</td><td>,</td><td>逗号运算符</td><td>顺序运算</td><td>左结合</td></tr>
</table>

说明：

1. 运算符的结合方向只对相同优先级的运算符有效，也就是说，只有表达式中相同优先级的运算符连用时，才按照运算符的结合方向所规定的顺序运算。而不同优先级的运算符连用时，先操作优先级高的运算符。

2. 对于上表所罗列的优先级关系。单目运算符的优先级高于双目运算符，双目运算符的优先级高于三目运算符。算术运算符的优先级高于其他双目运算符，移位运算符高于关系运算符，关系运算符高于除移位之外的位运算符，位运算符高于逻辑运算符。

参考文献

[1] 柳军,杨井荣,李思莉. C语言程序设计[M]. 北京:电子工业出版社,2021.

[2] 鞠慧敏,李红豫,梁爱华. C语言程序设计[M]. 4版.北京:清华大学出版社,2021.

[3] 陈叶芳,钱江波,董一鸿,等. C语言程序设计·在线实践·微课视频[M]. 北京:清华大学出版社,2021.

[4] 教育部考试中心.全国计算机等级考试二级教程——C语言程序设计:2021年版[M]. 北京:高等教育出版社,2020.

[5] 衡军山,马晓晨. C语言程序设计[M]. 2版.北京:高等教育出版社,2020.

[6] 孙承秀,王春红. C语言程序设计案例教程[M]. 北京:电子工业出版社,2020.

[7] 钱雪忠,吕莹楠,高婷婷.新编C语言程序设计教程[M]. 2版.北京:机械工业出版社,2020.

[8] 高攀,王慧,张丽,等. C语言程序设计[M]. 2版.北京:北京邮电大学出版社,2020.

[9] 丁亚涛. C语言程序设计[M]. 4版.北京:高等教育出版社,2020.

[10] 曹洪武. C语言程序设计实训教程[M]. 北京:北京邮电大学出版社,2020.

[11] 王秀鸾. C语言程序设计教程[M]. 5版.北京:电子工业出版社,2020.

[12] 原莉,王学慧. C语言程序设计[M]. 北京:机械工业出版社,2020.

[13] 龚本灿. C语言程序设计教程[M]. 3版.北京:高等教育出版社,2020.

[14] 朱琨. C语言程序设计[M]. 北京:机械工业出版社,2020.

[15] 李红. C语言程序设计实例教程[M]. 2版.北京:机械工业出版社,2020.

[16] 雷卫. C语言实用教程[M]. 北京:北京邮电大学出版社,2013.

[17] 李根福,贾丽君. C语言项目开发全程实录[M]. 北京:清华大学出版社,2013.

[18] 刘兆宏,温荷,王会. C语言程序设计案例教程[M]. 2版.北京:清华大学出版社,2013.

[19] 吴艳平,徐海燕,于艳华. C语言程序设计与项目实训[M]. 北京:清华大学出版社,2013.

[20] 唐懿芳,龙立功,康玉忠,等. C语言程序设计基础项目教程[M]. 北京:清华大学出版社,2013.

[21] 黄成兵,谢慧. C语言项目开发教程[M]. 北京:电子工业出版社,2013.